Sangeetha Muruganantham
Vinoth Kumar Bojan
Saranya Karuna Murthi

Conceção de um conversor analógico-digital utilizando tecnologia CMOS de 180 nm

Sangeetha Muruganantham
Vinoth Kumar Bojan
Saranya Karuna Murthi

Conceção de um conversor analógico-digital utilizando tecnologia CMOS de 180 nm

ScienciaScripts

This book is a translation from the original published under ISBN 978-620-2-09525-9.

Publisher:
Sciencia Scripts
is a trademark of
Dodo Books Indian Ocean Ltd. and OmniScriptum S.R.L publishing group

120 High Road, East Finchley, London, N2 9ED, United Kingdom
Str. Armeneasca 28/1, office 1, Chisinau MD-2012, Republic of Moldova, Europe
Printed at: see last page
ISBN: 978-620-7-97652-2

ÍNDICE DE CONTEÚDOS

RECONHECIMENTO

É uma óptima oportunidade para expressar os nossos sinceros agradecimentos a todos os que contribuíram para a realização deste trabalho através do seu apoio, encorajamento e orientação.

RESUMO

Com o rápido avanço da tecnologia de fabrico CMOS, cada vez mais funções de processamento de sinais são implementadas no domínio digital para reduzir os custos, o consumo de energia, o rendimento e a reconfigurabilidade. Isso gerou recentemente uma grande demanda por ADCs de baixa potência e baixa tensão que podem ser realizados em uma tecnologia CMOS deepsubmicron mainstream. Vários exemplos de aplicações de ADC podem ser encontrados em sistemas de aquisição de dados, sistemas de medição e sistemas de comunicação digital, bem como em sistemas de imagem e instrumentação, pelo que temos de ter em conta todos os parâmetros e melhorar o desempenho pode reduzir significativamente o custo industrial de um processo de fabrico de ADC e melhorar a resolução e o design, especialmente o consumo de energia. Neste trabalho, propusemos um projeto de ADC, em tecnologia CMOS de 0,18um. O trabalho proposto ilustra a conceção de um ADC de baixo consumo de energia e com menos transístores, utilizando a ferramenta Cadence e a plataforma Virtuoso, que consiste em 2N comparadores que fornecem uma saída codificada por termómetro, que é convertida numa saída digital por um codificador. Neste ADC de alta velocidade, o comparador desempenha um papel importante na aplicação de alta velocidade utilizando técnicas de minimização. A principal desvantagem do ADC do tipo flash é a falta de energia, pelo que o objetivo é conceber um ADC do tipo flash de baixa potência com baixo consumo de energia.

LISTA DE ABREVIATURAS

ABBREVIATION	EXPANSION
ASIC	Application specific IC
ADC	Analog to digital converter
CMOS	Complementary metal oxide semiconductor
DAC	Digital to analog converter
DCVSPG	Differential cascade voltage switch pass gate
EDA	Electronic design automation
FPGA	Field programmable gate array
MOS	Metal oxide semiconductor
SAR	Successive approximation register
SOC	System on chip
VLSI	Very large scale integration
VTC	Voltage transfer characteristics

CAPÍTULO 1

INTRODUÇÃO

1.1 CONVERSOR ANALÓGICO-DIGITAL EM TECNOLOGIA CMOS

Com o avanço da tecnologia de fabrico de circuitos integrados, mais funções de processamento de sinais analógicos foram substituídas por blocos digitais, mas os conversores analógico-digitais (ADC) continuam a ter um papel importante na maioria dos sistemas electrónicos modernos, porque a maioria dos sinais de interesse são de natureza analógica e têm de ser convertidos em sinais digitais. Para continuar o processamento de sinais no digital, o aumento contínuo da complexidade e do número de componentes nos circuitos integrados, o consumo de energia dos circuitos VLSI está a aumentar a um ritmo acelerado.

A procura e a popularidade dos dispositivos portáteis alimentados por pilhas aumentaram os esforços de investigação no domínio da conceção CMOS de baixo consumo. O grande consumo de energia afecta o funcionamento e a fiabilidade dos circuitos, aumentando a temperatura dos mesmos. Os custos de embalagem e arrefecimento do sistema VLSI também aumentam com o aumento do consumo de energia. Existem três grandes fontes de consumo de energia nos circuitos CMOS:

1) Potência de comutação devido a transições de saída

2) Potência de curto-circuito devido à corrente entre VDD e terra durante a comutação

3) Potência estática devida a correntes de fuga e estáticas.

Os somadores completos são blocos de construção fundamentais em diferentes circuitos VLSI, como comparadores, verificadores de paridade e compressores. O desempenho do circuito de adição afecta fortemente a capacidade global do sistema. A melhoria do desempenho do somador completo em termos de consumo de energia, atraso e outros parâmetros afectará a capacidade do sistema como um todo.

1.2 TECNOLOGIA CMOS

O semicondutor de óxido metálico complementar (CMOS) é uma tecnologia para a construção de circuitos integrados. A tecnologia CMOS é utilizada em microprocessadores, microcontroladores, RAM estática e outros circuitos lógicos digitais. A tecnologia CMOS também é utilizada em vários circuitos analógicos, como sensores de imagem (sensor CMOS), conversores de dados e transceptores altamente integrados para muitos tipos de comunicação. Os semicondutores de óxido metálico (MOS) são ainda classificados em PMOS (MOS de tipo P), NMOS (MOS de tipo N) e CMOS (MOS complementar).

O nome MOS deriva da estrutura física básica destes dispositivos; os dispositivos MOS são constituídos por um semicondutor, um óxido e uma porta metálica. Atualmente, o polySi é mais utilizado como porta. A tensão aplicada à porta controla a corrente entre a fonte e o dreno. Uma vez que consomem muito pouca energia, os MOS permitem uma integração muito elevada. O CMOS é também por vezes referido como metal-óxido-semicondutor de simetria complementar (ou COS-MOS). As palavras "simetria complementar" referem-se ao facto de o estilo de conceção típico com CMOS utilizar pares complementares e simétricos de transístores de efeito de campo de semicondutores de óxido metálico do tipo p e do tipo n (MOSFET) para funções lógicas.

A tecnologia CMOS analógica é também utilizada em aplicações analógicas. Por exemplo, existem CIs amplificadores operacionais CMOS disponíveis no mercado. As portas de transmissão podem ser utilizadas como multiplexadores analógicos em vez de relés de sinal. A tecnologia CMOS é também amplamente utilizada para circuitos RF até às frequências de micro-ondas, em aplicações de sinal misto (analógico+digital).

O ADC de alta velocidade e resolução mínima média é necessário para o front-end de sistemas sem fios e canais de leitura de sistemas de disco. Em CMOS, o consumo de energia é diretamente proporcional ao quadrado da tensão de alimentação.

Por conseguinte, a potência mínima pode ser obtida através da redução da tensão de alimentação. Ao reduzir a tensão de alimentação, o tempo de atraso aumenta, pelo que a redução da tensão de alimentação e as operações a alta velocidade são incompatíveis.

Assim, é importante selecionar uma arquitetura de circuito adequada que possa funcionar com uma tensão de alimentação baixa. Os registadores de aproximação sucessiva (SAR) e os ADC flash são utilizados principalmente para aplicações de média resolução e alta velocidade. Um ADC SAR consome pouca energia e ocupa apenas uma pequena área; no entanto, um comparador deve ser utilizado o mesmo número de vezes que o número de bits.

1.3 TÉCNICAS DE CONVERSÃO

Os conversores analógico-digitais são classificados em dois grupos gerais com base nas técnicas de conversão. Uma técnica envolve a comparação de um dado sinal analógico com as tensões de referência geradas internamente. Este grupo inclui conversores do tipo aproximação sucessiva, flash, modulação delta (DM), modulação delta adaptativa e flash. A técnica envolve a alteração de um sinal analógico em tempo ou frequência e a comparação destes novos parâmetros com valores conhecidos. Este grupo inclui conversores integradores e conversores tensão-frequência.

Neste capítulo, vamos discutir os seguintes tipos de ADCs utilizando várias técnicas de conversão:

1.   ADC de rampa única ou de declive único

2.   ADC de declive duplo

3.   Aproximação sucessiva

4.   Flash

5.   Tipo de rastreio ADC

1.3.1 ADC de declive único

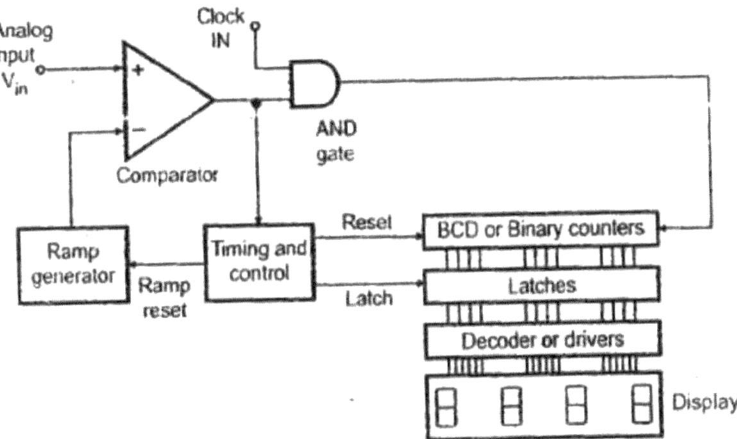

Fig. 1.1 ADC de declive simples

É constituído por um gerador de rampa e por contadores BCD ou binários. A fig. 1.1 mostra o ADC de declive único.

Inicialmente, o sinal de reset é dado ao gerador de rampa e ao contador. Assim, os contadores são repostos a 0. Um comparador tem dois terminais; o terminal positivo recebe a entrada da tensão de entrada analógica V_{in}. Quando a entrada é mais positiva do que a entrada negativa, a saída do comparador fica alta. O terminal negativo do comparador recebe a entrada da saída do gerador de rampa. A saída alta do comparador ativa a porta AND que permite que o relógio chegue aos contadores e também esta saída alta inicia a rampa.

A tensão da rampa é positiva até exceder a tensão de entrada. Quando a tensão da rampa excede V_{in}, a saída do comparador torna-se baixa. Esta saída baixa desactiva a porta AND que, por sua vez, pára o relógio para os contadores. A função do circuito de controlo é fornecer o sinal de bloqueio que é utilizado para bloquear os dados do contador. O contador e o gerador de rampa são reiniciados pelo sinal de reset. O dispositivo de visualização é utilizado para visualizar os dados bloqueados.

1.3.2 ADC de declive duplo

No ADC de declive duplo, a tensão analógica e a tensão de referência são convertidas em períodos de tempo utilizando o circuito integrador e, em seguida, a saída é medida por um contador. Trata-se de um método de conversão indireta de analógico para digital. A velocidade de conversão é lenta porque envolve duas conversões de tensão analógica em tempo e depois em digital, mas a precisão é maior em comparação com o ADC de declive.

A Fig.1.2 mostra um circuito típico de conversor de declive duplo. O circuito é constituído por um integrador (gerador de rampa), um comparador, um contador binário, um trinco de saída e uma tensão de referência. A entrada para a entrada do gerador de rampa é comutada entre a tensão analógica de entrada v_i e uma tensão de referência negativa, -VREF. O MSB do contador funciona como um controlador para controlar o interrutor analógico. Quando o MSB é lógico 0, a tensão que está a ser medida é ligada à entrada do gerador de rampa. Quando o MSB é lógico 1, a tensão de referência negativa é ligada ao gerador de rampa.

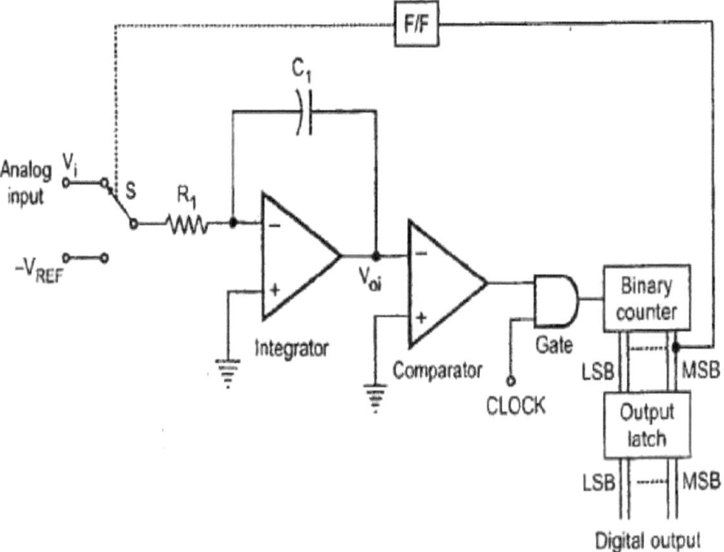

Fig. 1.2 Conversor A/D de declive duplo

1.3.3 ADC de aproximação sucessiva

Nesta técnica, a ideia básica é ajustar o código de entrada do DAC de modo a que a sua saída esteja dentro de ±1/2 LSB da entrada analógica v_i a ser convertida A/D. O código que atinge este objetivo representa a saída desejada do ADC. Utiliza uma estratégia de pesquisa de código muito eficiente denominada pesquisa binária. Completa o processo de pesquisa para a conversão de n bits em apenas n períodos de relógio.

A Fig.1.3 mostra o diagrama de blocos do conversor A/D de aproximação sucessiva. É constituído por um DAC, um comparador e um registo de aproximação sucessiva (SAR). Os parâmetros internos de temporização são ajustados com a ajuda da entrada de um relógio externo. O sinal de controlo de início de conversão (SOC) inicia um processo de conversão A/D e o sinal de fim de conversão é ativado quando a conversão está concluída.

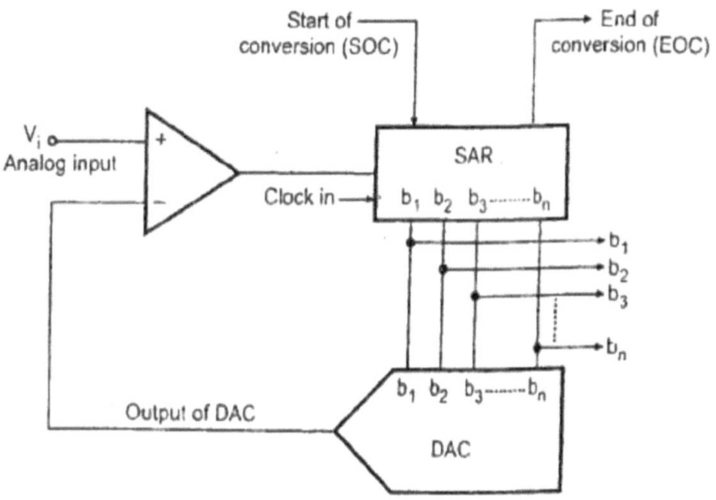

Fig. 1.3 Diagrama de blocos do conversor A/D de aproximação sucessiva

O processo de código de pesquisa no método de aproximação sucessiva é semelhante à pesagem de um material desconhecido com uma balança e um conjunto de pesos padrão.

A tensão analógica v_{in} é aplicada a uma entrada do comparador. Ao receber o sinal de início da conversão (SOC), o registo de aproximação sucessiva define o código binário de 3 bits 100_2 ($b2 = 1$) como entrada do DAC. Este processo é semelhante ao de colocar o peso desconhecido numa plataforma da balança e um peso conhecido na outra.

O DAC converte a palavra digital 100 e aplica-lhe uma saída analógica equivalente na segunda entrada do comparador. O comparador compara então duas tensões, tal como se compara um peso desconhecido com a ajuda de uma balança.

Se a tensão de entrada for superior a uma saída analógica do DAC, o registo de aproximação sucessiva mantém $b2 = 1$ e faz $v_i = 1$; caso contrário, repõe $b2 = 0$ e faz $b1 = 1$ (substituindo o peso de 2 kg). O mesmo processo é repetido para $b1$ e $b0$. O estado dos bits $b0$, $b1$ e $b2$ dá o equivalente digital da entrada

9

analógica.

1.3.4 Flash ADC

Quando os projectos de sistemas exigem a maior velocidade disponível, os conversores A/D (ADCs) do tipo flash são provavelmente a escolha certa. O seu nome deve-se à sua capacidade de efetuar a conversão muito rapidamente.

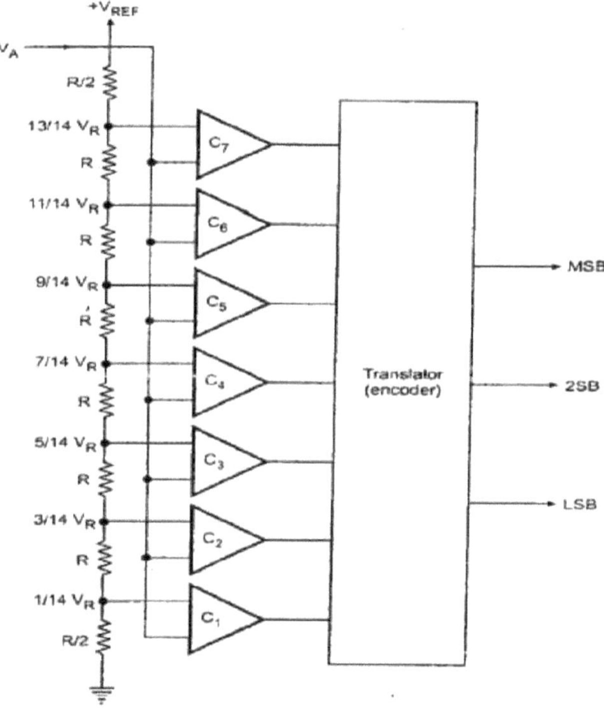

Fig. 1.4 Conversor Flash de 3 bits

Os conversores A/D Flash também são conhecidos como ADC de comparador simultâneo ou paralelo, porque a velocidade de conversão rápida é conseguida através do fornecimento de 2 comparadores^n -1 e da comparação simultânea do sinal de entrada com níveis de referência únicos espaçados de 1 LSB.

A Fig. 1.4 mostra um conversor A/D flash de 3 bits. Para este ADC, são necessários sete (2^3 - 1) comparadores. Como se mostra na fig. 1.4, uma entrada de cada comparador está ligada ao sinal de entrada e a outra entrada ao nível de tensão de referência gerado pelo divisor de tensão de referência.

A tensão de referência (VREF) é igual à tensão do sinal de entrada à escala completa.

A forma como o conversor A/D flash efectua a quantização é relativamente simples.

Os comparadores dão um estado de saída "1" ou "0" consoante o sinal de entrada esteja acima ou abaixo do nível de referência nesse instante. Os comparadores referidos acima do sinal de entrada, permanecem desligados, representando um estado "0".

Os comparadores situados a um nível igual ou inferior ao do sinal de entrada passam, inversamente, ao estado "1". O código resultante deste comparador é convertido num código binário pelo codificador. O número de comparadores necessários para uma resolução de n bits é = 2n - 1

1.3.5 ADC de rastreio

A arquitetura do ADC de seguimento apresentada na Figura 17 compara continuamente o sinal de entrada com uma representação reconstruída do sinal de entrada. A saída do comparador é utilizada para controlar o contador ascendente/descendente.

O contador começa a contar quando a entrada analógica é maior do que a saída do DAC, o contador conta para cima até que sejam iguais. Se a saída do DAC exceder a entrada analógica, o contador faz uma contagem decrescente até ficarem iguais. A entrada analógica altera-se lentamente, o contador acompanha-a e a saída digital mantém-se próxima do seu valor correto. Se a entrada analógica sofrer subitamente uma grande alteração de passo, serão necessárias muitas centenas ou milhares de ciclos de relógio antes de a saída ser novamente válida. Para sinais que mudam lentamente, o ADC de rastreamento responde rapidamente, mas lentamente a um sinal que muda rapidamente.

Quando a entrada analógica e a saída DAC são quase iguais, o comportamento acima mencionado é ignorado. Isto dependerá da natureza exacta do comparador e do contador. Para um comparador simples, a saída do DAC irá circular 1 LSB desde um pouco acima da entrada analógica até um pouco abaixo dela, e a saída digital irá, naturalmente, fazer o mesmo, haverá 1 LSB de cintilação.

A saída avança a cada ciclo de relógio, independentemente do valor exato da entrada analógica, e, por conseguinte, tem sempre uma relação marca/espaço de unidade. Aqui não há hipótese de tomar um valor médio da saída digital e aumentar a resolução por sobreamostragem.

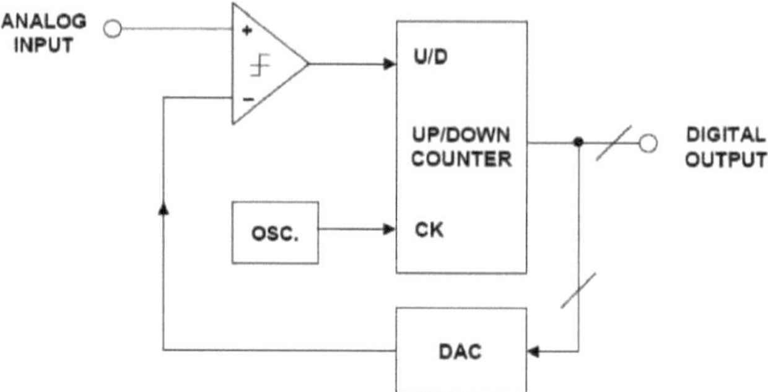

Fig. 1.5.ADC de seguimento

Os ADCs de rastreamento não são muito comuns. A sua resposta lenta ao passo torna-os inadequados para muitas aplicações, mas têm uma vantagem: a sua saída está *continuamente* disponível. A maioria dos ADCs efectua conversões: ou seja, ao receber um comando "start convert" (que pode ser gerado internamente), efectua uma conversão e, após um atraso, o resultado fica disponível.

Desde que a entrada analógica se altere lentamente, a saída de um ADC de seguimento está sempre disponível. Isto é valioso em conversores sincro-digitais e conversores resolver-digitais (SDCs e RDCs), e esta é a aplicação em que os ADCs de seguimento são mais frequentemente utilizados. Outra caraterística valiosa dos ADCs de rastreamento é que um transiente rápido na entrada analógica faz com que a saída mude apenas uma contagem. Isto é muito útil em ambientes ruidosos.

CAPÍTULO 2

PESQUISA BIBLIOGRÁFICA

2.1. INTRODUÇÃO

Este capítulo analisa os trabalhos de investigação e os estudos efectuados em diferentes revistas sobre as unidades de amostragem, de comparação e de adição total. Apresenta alguns dos trabalhos anteriores relacionados com as unidades acima referidas.

2.2. EVOLUÇÃO DAS UNIDADES ANALÓGICAS PARA DIGITAIS

Jiang *et al.* [1] concebeu um ADC flash utilizando um comparador temporariamente reforçado, um circuito de rastreio e retenção de matriz dupla, uma vez que ajuda a obter um débito de dados mais elevado. O método proposto reforça apenas a tensão de alimentação e tem o inconveniente de o comparador reforçar apenas a tensão de alimentação.

Tangel [2] desenvolveu um ADC flash utilizando uma nova técnica de quantização por inversor de limiar (TIQ). Um dos principais problemas do ADC flash Threshold Inverter Quantization (TIQ) é a suscetibilidade ao ruído do comparador TIQ. Como o comparador TIQ, que possui dois inversores em cascata, tem uma entrada de terminação única, o comparador é muito sensível ao ruído da fonte de alimentação. Além da variação da tensão da fonte de alimentação, a variação da temperatura faz com que o DNL e o INL aumentem no TIQflash ADC.

Para ultrapassar os problemas de Tangel [2] , Yoo *et al.* [3] implementaram um novo ADC flash utilizando comparadores de tensão quânticos (QVC). O comparador QV não usa um circuito de escada de resistências. O comparador QV com a aplicação do conceito de comparador TIQ para gerar as tensões de referência internas. O inconveniente do comparador QV é o facto de ser utilizado apenas para funcionamento a baixa tensão.

O flash ADC proposto por Channakka lakkannavar et al [10] consiste num comparador como um dos componentes importantes, este comparador é concebido de forma a ser menos imune ao ruído e com uma elevada taxa de rejeição de modo comum. Por conseguinte, o amplificador diferencial é utilizado para atingir o mesmo objetivo. Este supera o inconveniente do funcionamento a baixa tensão em [3].

O codificador de código termómetro para código binário tornou-se o ponto de estrangulamento dos ADCs flash de velocidade ultraelevada. Em [5], os autores apresentaram o codificador de código termómetro para código binário em árvore gorda, que é altamente adequado para os ADCs flash de velocidade ultra-alta. Os resultados da simulação e da implementação mostram que o codificador de árvore gorda supera o codificador ROM comummente utilizado em termos de velocidade e potência para o caso do ADC flash de 6 bits. A velocidade é melhorada quase por um fator de 2 quando se utiliza o codificador de árvore gorda, o que de facto demonstra que o codificador de árvore gorda é uma solução eficaz para o problema do estrangulamento em ADCs de velocidade ultra-alta.

Utilizando o conceito da técnica do comparador TIQ e do codificador de árvore gorda, foi projetado um ADC flash de 6 e 8 bits com tecnologia CMOS de 0,07μm e tensão de alimentação de 0,7V [7].

Scholtens *et al.* propuseram um ADC flash de alta velocidade de 6 bits e 1,6 GHz e 0,18 μm com terminação de média [8].

Um amplificador operacional CMOS de duas fases e a análise do seu comportamento com vários rácios de aspeto utilizando técnicas de minimização foram propostos por sarojini mandal [11]. A desvantagem é que o Flash ADC consome muita energia e é um circuito complexo, pelo que é um desafio conceber e implementar um ADC de baixa potência com aplicações de alta velocidade utilizando CMOS Op-Amp.

O ADC flash concebido por Arunkumar. P et al. [27] utiliza um comparador e tem uma resolução limitada e uma elevada dissipação de energia devido ao grande número de comparadores de alta velocidade.

Neste sentido, tentámos conceber um ADC de 4 bits de baixa potência. O projeto e a pré-simulação são efectuados em ambiente cadence utilizando o simulador spectre com tecnologia de 180nm. O projeto do ADC pode ser utilizado para aplicações de baixa potência e alta velocidade.

Liang Dai e Ramesh Harjani (2000) propuseram uma abordagem do conversor analógico-digital utilizando circuitos de retenção de amostras baseados em amplificadores operacionais. Nesta abordagem, os erros de injeção de carga são grandemente reduzidos desligando os transístores na região de saturação em vez da região de tríodo, como é o caso dos interruptoresMOS tradicionais.

Um transístor MOS mantém cargas móveis no seu canal quando está ligado. Quando o transístor é desligado, uma certa parte desta carga é libertada do canal para o condensador de retenção e o resto é transferido de volta para a fonte de tensão. A carga transferida para o condensador de retenção enquanto o transístor está desligado determina o erro total resultante da injeção de carga. Para evitar este erro, foram adicionados mais alguns transístores, o que aumentará o tempo de atraso da injeção de carga no canal.

O clockfeed through torna-se a única fonte de erro. Para o eliminar, a largura dos transístores é reduzida, mas devido ao aumento do número de transístores há um aumento da área e do consumo de energia, e devido ao atraso a velocidade do sistema é reduzida.

Savanna TK etall (2010) propuseram e desenharam um ADC de aproximação sucessiva, que inclui um registo de deslocamento de *N bits*, um comparador, um conversor DAC *de N bits* e um registo de aproximação sucessiva de N bits (SAR). O SAR funciona em relação com o comparador, ou seja, antes de aplicar o sinal original é efectuada uma configuração inicial. Se a saída do comparador for 1, o bit correspondente no SAR para essa conversão de bits é definido como 0. Se a saída do comparador for 0, então a saída digital correspondente do SAR é 1 com outros bits digitais 0. A saída do SAR controla o DAC. Mais uma vez, o sinal de entrada é comparado com os sinais para o DAC, o que aumenta o número de ciclos de relógio necessários para a amostragem, aumentando assim a necessidade de energia e o tempo de atraso.

Panchal S D et all (2012) apresentaram uma técnica de implementação de 4-bitflash ADC usando a técnica de dobragem na ferramenta cadence, focada na redução da quantidade de design analógico e circuitos analógicos em um flash ADC. Como os comparadores são o principal bloco de construção analógico de qualquer flash ADC e influenciam fortemente o desempenho, eles usaram um comparador CMOS simples de dois estágios, o comparador foi otimizado para velocidade máxima com potência e área mínimas. Ao projetar a porta **X-OR**, tentaram reduzir o número de transístores necessários para implementar a porta **X-OR**, o que é feito para reduzir a área, a potência e o atraso.

Sandeep K. Aryaet all (2012) propuseram um projeto de somador completo CMOS de baixa potência com 12 transístores. Muitos estilos lógicos foram usados no passado para projetar os circuitos de somador completo. O somador completo CMOS estático padrão com redes pull up e pull-down utilizou 28 transístores, a lógica de transístor de passagem complementar (CPL) com 32 transístores mostra melhor capacidade de condução, mas dissipa grande potência. Neste projeto, com um somador completo de 10 transístores, foram utilizadas portas XOR/XNOR e a expressão é reduzida utilizando uma expressão booleana.

$$\text{Sum} = H \text{ xor } C_{in} = H.\ C_{in}' + H'\ C_{in}$$
$$C_{out} = A.\ H' + C_{in}.\ H$$

Assim, o número de transístores necessários, a área, a potência necessária são reduzidos e a velocidade do sistema é melhorada.

Dharavat Ravi Naiketall(2015) propôs um novo comparador dinâmico de alta precisão para ADCs de baixa potência e alta velocidade. Foi concebido um novo comparador dinâmico para aplicações analógicas-digitais de baixa potência e alta velocidade, que utiliza um mecanismo de feedback positivo para regenerar o sinal de entrada analógico num nível digital de escala completa, que é o mesmo que o dos comparadores convencionais, mas o ganho que precede o estágio de trava regenerativa foi melhorado e a versão complementar do estágio de trava de saída, que tem maior capacidade de corrente de acionamento de saída na mesma área. Os esquemas dos comparadores dinâmicos existentes e do comparador proposto são capturados usando o editor de esquemas Tanner Tools e simulados na tecnologia PTM de 90nm usando o HSPICE. A topologia do projeto proposto é capaz de minimizar o atraso de propagação e o consumo de energia com os desempenhos melhorados do que outros trabalhos de pesquisa e os comprimentos de transistor produziram a saída mais rápida, o que é adequado para a operação bem-sucedida do ADC.

UBS Chandrawat et al (2014) propuseram o projeto de um ADC flash de 3,0 MSPS, 2,5 V, 0,25 µm, 4 bits baseado no comparador TIQ, cujo artigo trata do projeto de alta velocidade e baixa potência do conversor analógico-digital (ADC) de 4 bits flash usando o projeto de comparador baseado em Quantização do Inversor de Limiar (TIQ). Introduz o comparador de quantização de inversor de limiar (TIQ) e o projeto baseado em multiplexador (MUX).

O ADC é um bloco de construção importante que rege a especificação de potência e velocidade no ADC flash. Neste caso, o comparador TIQ é utilizado no projeto para reduzir o tamanho do circuito. O projeto baseado em MUX é utilizado para gerar a saída num menor número de ciclos de relógio, aumentando assim a velocidade. O projeto proposto é simulado na ferramenta Tanner com tecnologia de 0,25 µm para avaliar o desempenho desta arquitetura. Verifica-se que esta arquitetura concebida de ADC flash de 4 bits consome 1,9 mW de energia e que a taxa de amostragem deste ADC é de 3,0 MS/S. Verifica-se que o bloco comparador consome 355 µW de potência a partir de uma alimentação de 2,5 V.

RaghavaGaripelly (2013) propôs um projeto de comparador CMOS de alta velocidade com uma resolução de 5mV. Neste projeto, é proposto um comparador CMOS de alta velocidade com baixa potência e alta precisão. A topologia é muito bem capaz de distinguir a diferença de tensão DC de cerca de 5mV, o que significa um circuito de alta precisão. O circuito proposto funciona com uma tensão de alimentação de 2V. O circuito foi concebido para funcionar a 600MHz.

O circuito pode ser utilizado em dispositivos ADC de alta velocidade. O circuito proposto é desenvolvido no simulador CADENCE gpdk-180 Spectre. O circuito proposto é testado e verificado em vários aspectos. São considerados a velocidade, a resolução, a tensão de alimentação e a frequência de relógio. O circuito é capaz de resolver pequenas diferenças de tensão tão baixas como 5 mV quando funciona com uma tensão de alimentação de 2V, com uma frequência de 600MHz. Este circuito pode ser amplamente utilizado em ADC, onde a velocidade é desejada. Gostaríamos de continuar o nosso trabalho no sentido de melhorar os aspectos de área e potência.

A.R.Ashwathaet al (2012) propuseram um projeto de ADC Flash utilizando um Comparador Diferencial Quantizado e um codificador de árvore gorda. O amplificador diferencial é usado como comparador, a fim de obter um inversor de caraterísticas de transferência de tensão (VTC) nítido é usado no final do comparador diferencial.

Depois de os comparadores produzirem um código termométrico, este é convertido em código binário. A codificação de TC para BC é efectuada em duas fases no codificador de árvore gorda. O circuito de árvore gorda é mais tolerante ao ruído do que outros circuitos codificadores. A implementação CMOS totalmente estática das portas OR elimina qualquer consumo de energia estática que seria necessário em circuitos com resistências pull-up. Por conseguinte, o circuito da árvore de gordura consome menos energia e constitui uma solução eficaz para o problema do estrangulamento nos ADC de velocidade ultra-elevada. Mas o inconveniente deste sistema é a complexidade do circuito.

CAPÍTULO 3

OBRAS RELACIONADAS

Uma vez que o foco principal deste documento é a estrutura do Flash ADC, o trabalho relacionado com os principais constituintes do Flash ADC: circuito de amostragem, comparadores e codificadores é discutido, respetivamente, bem como a revisão da literatura dos seguintes blocos na secção: A a C

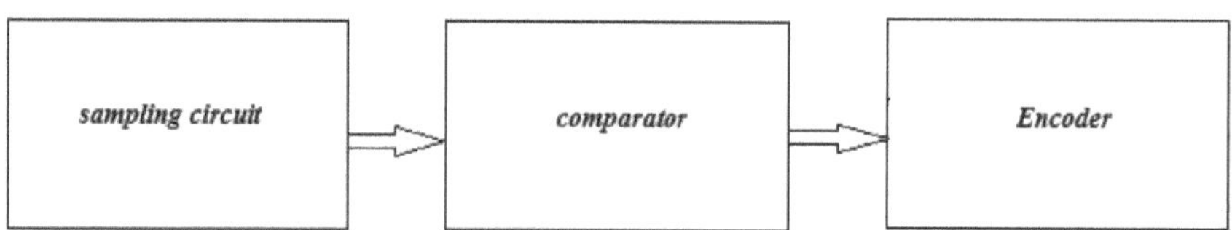

Fig 3.1 Blocos básicos do ADC

3.1 Modificação dos circuitos de amostragem

O circuito de retenção de trajetória é um componente essencial do ADC. Foram propostos vários métodos para retificar os inconvenientes como o atraso, o ruído e o consumo de energia em [12]-[21]. Os circuitos de amostragem são classificados em duas classes: arquitetura de circuito aberto e arquitetura de circuito fechado[14]-[17]. As arquitecturas de circuito aberto funcionam a alta velocidade[15][16] a frequências de amostragem elevadas, em comparação com a arquitetura de circuito fechado.

A teoria de variação temporal da série de Volterra[18] foi concebida e analisada no domínio dos dados amostrados para superar a distorção harmónica e de intermodulação de um circuito de amostragem de pista e retenção baseado em MOS [19].

Consiste num condensador de retenção e num comparador acionado por um sinal de relógio e por um sinal de entrada que é fornecido às portas NAND e que, por sua vez, acciona os interruptores MOSFET. O comparador de gama de entrada é também utilizado para evitar que os sinais fora da gama entrem no circuito de retenção [20][21].

O valor da capacitância de amostragem e a largura do transístor de comutação determinam o nível de ruído da rede de amostragem. Comutadores de amostragem: Interruptor MOS simples e interrutor de porta de transmissão[17].

3.2 Modificar o comparador

Para melhorar os parâmetros importantes como a velocidade, o ganho, a dissipação de energia, o desvio e a resolução dos comparadores, foram propostos vários projectos [22]-[27].

O Quantificador de Inversor de Limiar (TIQ), baseado no dimensionamento sistemático de transístores de um Inversor CMOS num ADC flash, elimina o conjunto de resistências empregue em projectos convencionais de conjuntos de comparadores flash [23]. de tal forma que a dissipação de energia estática é eliminada, mas devido à fraca taxa de rejeição de energia, requer uma fonte de alimentação adicional e também requer um circuito de amostragem para um melhor desempenho [11]. São utilizados 2 comparadores^{N-1} para uma resolução de "N" bits, em que 2 resistências^{n} correspondem ao circuito divisor resistivo necessário para desenvolver a tensão de referência.

A simultaneidade da comparação entre a tensão de referência e a tensão de entrada maximiza a velocidade de conversão do ADC [24]. Com o aumento da resistência, a corrente que atravessa o circuito diminui, o que resulta na minimização da dissipação de energia [25].

As técnicas de colocação e planeamento do piso não podem ser implementadas de forma eficiente, uma vez que a sequência de resistências utilizadas na rede em escada de resistência não pode ser alterada. O comparador de tensão quântico é derivado do comparador diferencial [26], que elimina o ruído e melhora o desempenho do ADC.

3.3 Modificação do codificador

As saídas dos comparadores serão em códigos de termómetro que são convertidos por codificadores. A velocidade de conversão desempenha um papel vital na conceção do ADC.

Poucos projectos de codificadores [27]-[30]: Codificador ROM, codificador de matriz de multiplexadores, codificador de árvore gorda e codificador de árvore Wallace. No codificador ROM, são adicionados circuitos extra ao codificador para reduzir o erro de bolha [27]. Esta complexidade aumenta o atraso de propagação e, consequentemente, reduz a frequência máxima de funcionamento do codificador [29].

O codificador de árvore de Wallace tem um número de um na sua entrada, é a matriz de somadores completos [30], para uma resolução de N bits foram utilizados somadores completos 2N-N-1, o que resulta num aumento da área da matriz e da dissipação de energia. Como o nome indica, o codificador de matriz de multiplexer consiste num número de MUX [27].

CAPÍTULO 4

DESCRIÇÃO DO SISTEMA

4.1. SISTEMA ACTUAL

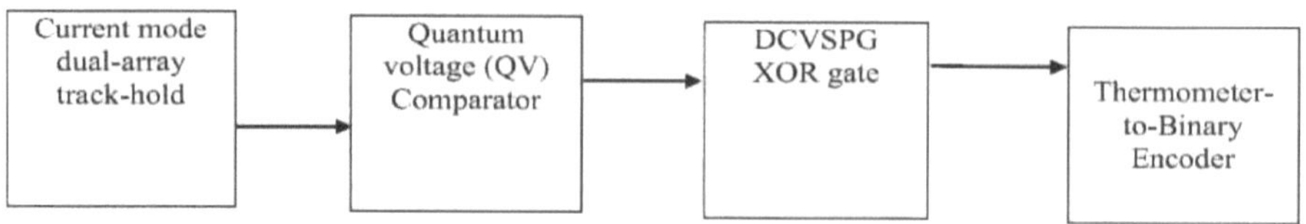

Fig 4.1 Diagrama de blocos do sistema existente

4.1.1 Modo atual de retenção de faixa de matriz dupla

Um circuito de rastreio e retenção desempenha um papel significativo a frequências superiores a 1 GHz, porque reduz a instabilidade da abertura, que é o tempo necessário para o comutador de amostragem quando se passa do modo de amostragem para o modo de retenção, a unidade de circuito de rastreio e retenção recolhe amostras do sinal de entrada e quando (Clk) = 0, os dados de entrada são retidos.

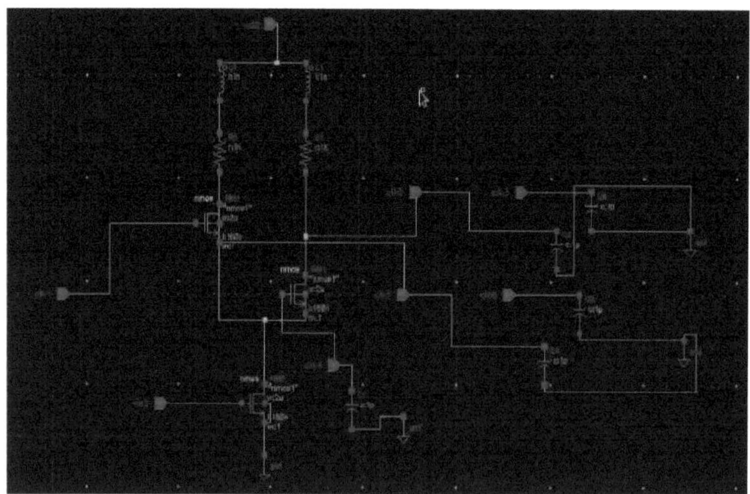

Fig 4.2 Circuito de retenção de faixa

A gama dinâmica da saída é inversamente proporcional ao tamanho do condensador e proporcional ao tamanho dos transístores NMOS e da fonte de corrente. A gama dinâmica é deslocada para VDD e VSS com a diminuição e o aumento do tamanho dos transístores PMOS, respetivamente. A entrada e a saída do track-hold têm uma gama dinâmica de 0,8V. O track-hold ajuda a alcançar uma gama dinâmica elevada em sinais de entrada de banda larga.

4.1.2 Comparador de tensão quântica (QV)

O comparador de tensão quântica (QV) é constituído por um par de amplificadores diferenciais. Os comparadores QV foram utilizados porque eliminam o conjunto de resistências utilizado nos ADCs convencionais e geram tensões de referência internamente.

As larguras dos transístores NMOS de entrada são variadas para obter uma tensão de referência óptima. Aplica-se uma rampa na entrada e a tensão de referência é obtida onde a rampa de entrada intersecta a curva de transferência de saída.

O segundo amplificador diferencial tem a função de inversor e produz o resultado desejado. Há um problema de "Vmin" nos comparadores QV. A tensão mínima de saída não atinge VSS, mas está algumas centenas de mV acima de VSS. Este problema é ultrapassado através da utilização de amplificadores de ganho, que geram uma saída digital de escala completa que vai de VDD a VSS.

4.1.3 Porta XOR DCVSPG

A porta XOR DCVSPG substitui a porta XOR do interrutor de tensão em cascata diferencial (DCVS) e elimina o problema do nó flutuante encontrado nas portas DCVS. Os transístores PMOS de acoplamento cruzado actuam como carga e dois transístores NMOS abaixo da carga PMOS actuam como um trinco incorporado.

Quando o relógio está alto, a lógica de saída é avaliada e, quando o relógio está inativo, a saída é bloqueada no valor de saída anterior devido à estrutura de bloqueio incorporada.

Nas portas DCVSPG com relógio, a saída original e o seu complemento estão disponíveis no mesmo instante de tempo. Esta técnica evita os diferentes atrasos que de outra forma ocorreriam devido à utilização de um inversor para obter a saída complementar.

As portas DCVSPG permitem uma canalização de alta velocidade e uma saída sem falhas. É possível obter um desempenho superior com baixa potência com a utilização de portas DCVSPG.

4.1.4 Codificador de termómetro para binário

Nesta fila de portas XOR para localizar o primeiro e gerar um bit de saída único. Utilizamos o primeiro inversor para gerar o bit de saída quando a entrada é "00000", e utilizamos os últimos inversores para gerar o bit de saída quando a entrada é "1111111".

Passamos a saída de um bit de 8 bits para uma matriz que gera a saída binária correta de 3 bits que corresponde à posição do bit de um ponto, que é igual ao primeiro no código do termómetro.

A matriz pode ser concebida com portas de transmissão para passar zeros e uns para a saída, mas a utilização de portas de transmissão aumentará a capacitância da linha de bits. Para reduzir a capacitância de cada linha de bits em cerca de 50%, utilizamos NMOS para passar um zero forte e um PMOS para passar um um forte para a saída. A matriz NMOSPMOS é estruturada com base numa tabela de verdade binária, em que um NMOS é utilizado quando a entrada é um "0" e um PMOS é utilizado quando a entrada é um "1". O pior caso de atraso da matriz NMOSPMOS é apenas um transístor MOS para qualquer matriz *de N bits*. Como resultado, este novo codificador pode ser estendido a codificadores de termómetro para binário de alta velocidade e baixa potência de bits superiores.

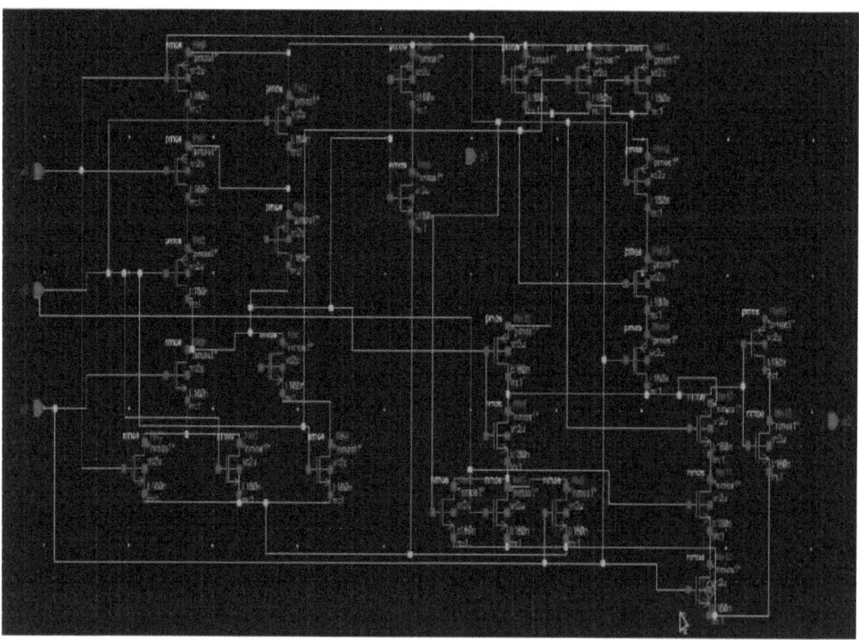

Fig 4.3 Somador completo

4.2. SISTEMA PROPOSTO-I

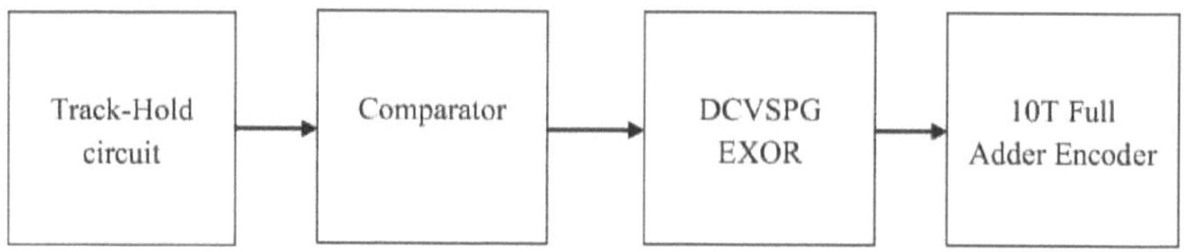

Fig 4.4 Diagrama de blocos do sistema proposto-I

O sinal analógico é fornecido ao conversor analógico-digital. O sinal pode ser senoidal puro, sinal de voz, ruído, sinal de rampa, etc. Neste bloco, o sinal de entrada é recebido e enviado para o bloco de retenção de trajetória.

4.2.1. Circuito de retenção na via

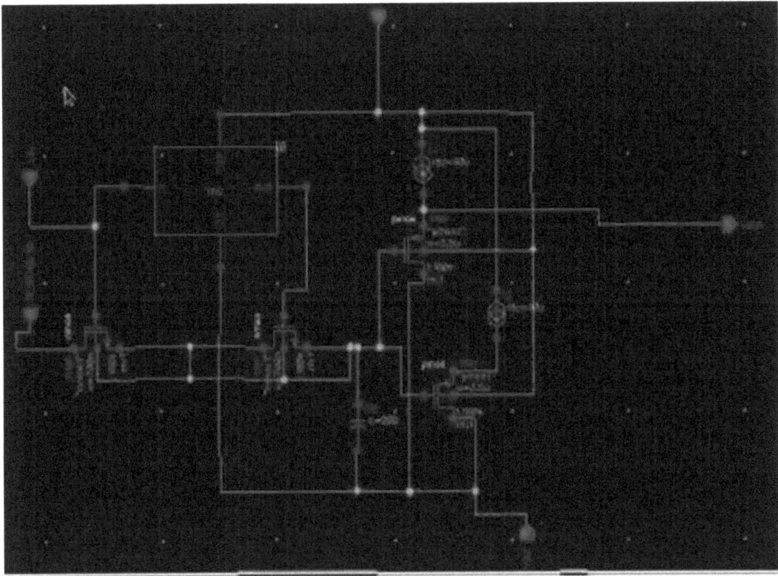

Fig 4.5 Circuito de retenção de faixa

Um circuito de rastreio e retenção desempenha um papel significativo a frequências superiores a 1 GHz, porque reduz a instabilidade da abertura, que é o tempo necessário para o comutador de amostragem quando se passa do modo de amostragem para o modo de retenção, a unidade do circuito de rastreio e retenção recolhe amostras do sinal de entrada e quando (Clk) = 0, os dados de entrada são retidos.

A gama dinâmica da saída é inversamente proporcional ao tamanho do condensador e proporcional ao tamanho dos transístores NMOS e da fonte de corrente. A gama dinâmica é deslocada para VDD e VSS com a diminuição e o aumento do tamanho dos transístores PMOS, respetivamente.

A entrada e a saída do track-hold têm uma gama dinâmica de 0,8 V. O track-hold ajuda a alcançar uma gama dinâmica elevada em sinais de entrada de banda larga.

4.2.2 Comparador

Um comparador é um dispositivo que compara duas tensões ou correntes e emite um sinal digital que indica qual é a maior. Tem dois terminais de entrada analógicos V+ e V- e uma saída digital binária V0. A equação de saída

$$V0 = \begin{cases} 1, & if\ v+ > v- \\ 0, & if\ v+ < v- \end{cases}$$

Um comparador é um amplificador diferencial de alto ganho, normalmente utilizado em dispositivos que medem e digitalizam sinais analógicos, como conversores analógicos para digitais e osciladores de relaxamento.

As tensões diferenciais devem estar dentro dos limites especificados pelos fabricantes. Os primeiros comparadores integrados, como a família LM111, e certos comparadores de alta velocidade, como a família LM119, exigiam gamas de tensão diferencial inferiores às tensões da fonte de alimentação ($\pm$15V vs. 36V).

Os comparadores Rail to Rail permitem quaisquer tensões diferenciais dentro da gama da fonte de alimentação. Quando alimentados por uma fonte bipolar

$$Vs.- \leq V+,\ V- \leq Vs+.$$

Quando alimentado por uma fonte unipolar

$$0 \leq V+,\ V- \leq Vicc$$

Os comparadores específicos de carril a carril com transístores de entrada PNP permitem que o potencial de entrada desça 0,3 V abaixo do carril de alimentação negativo, mas não permitem que suba acima do carril positivo.

Comparadores ultra-rápidos específicos, como o LMH7322, permitem que o sinal de entrada oscile abaixo do trilho negativo e acima do trilho positivo, embora por uma margem estreita de apenas 0,2 V, a tensão de entrada diferencial de um comparador trilho a trilho moderno é geralmente limitada apenas pela oscilação total da fonte de alimentação.

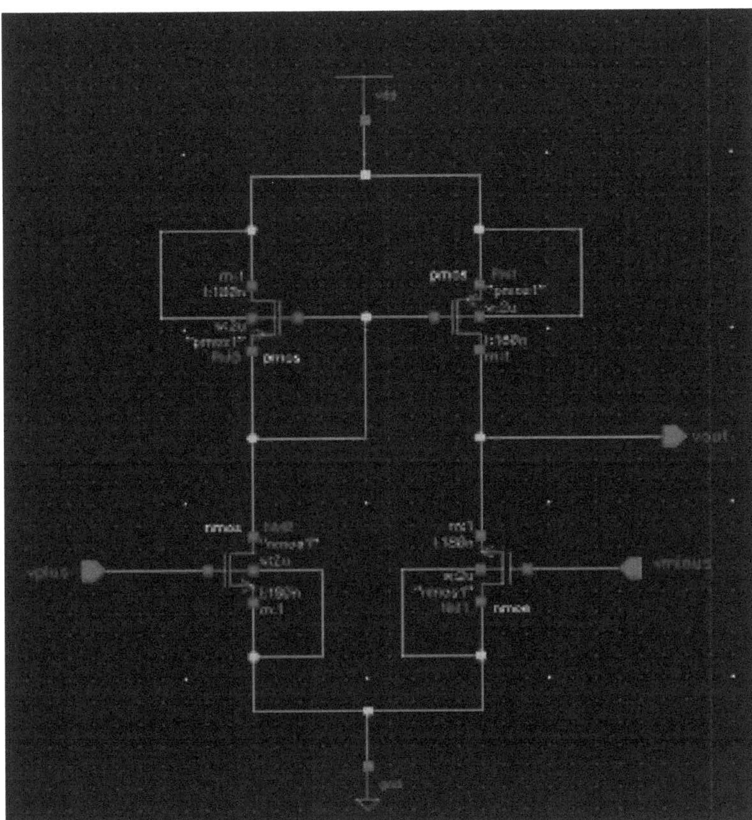

Fig 4.6 Comparador diferencial

4.2.3 Porta XOR DCVSPG

A porta XOR DCVSPG substitui a porta XOR de comutador de tensão em cascata diferencial (DCVS) e elimina o problema do nó flutuante encontrado nas portas DCVS.

Os transístores PMOS de acoplamento cruzado actuam como carga e dois transístores NMOS abaixo da carga PMOS actuam como um trinco incorporado.

Quando o relógio está alto, a lógica de saída é avaliada e, quando o relógio está inativo, a saída é bloqueada no valor de saída anterior devido à estrutura de bloqueio incorporada. Nas portas DCVSPG com relógio, a saída original e o seu complemento estão disponíveis no mesmo instante de tempo.

Esta técnica evita diferentes atrasos que de outra forma ocorreriam devido à utilização de um inversor para obter a saída complementar. As portas DCVSPG permitem um pipelining de alta velocidade e uma saída sem falhas. É possível obter um desempenho superior com baixa potência com a utilização de portas DCVSPG.

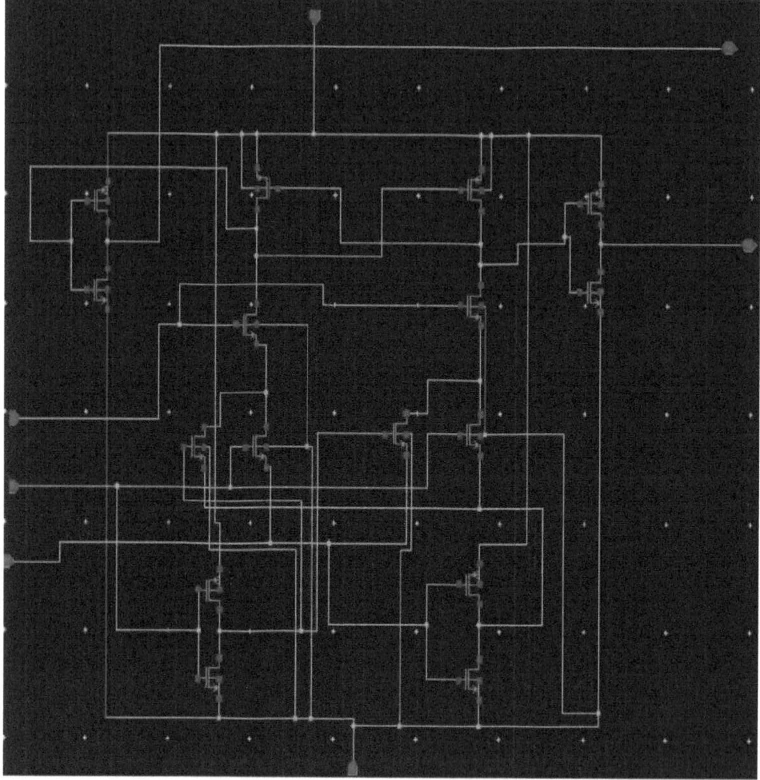

Fig. 4.7. Porta de passagem do comutador de tensão em cascata diferencial

4.2.4 Codificador

Codificador é um dispositivo, circuito, transdutor, programa de software, algoritmo ou pessoa que converte informação de um formato ou código para outro, para efeitos de normalização, velocidade, sigilo, segurança ou compressão.

O codificador pode ser formado por um somador completo. Pode ser formado por um somador completo. Trata-se de um circuito lógico digital que efectua a adição de números. Em muitos computadores ou outros tipos de processos, os somadores são utilizados não só nas ALU, mas também noutras partes dos processadores, onde são utilizados para calcular endereços, índices de tabelas, operadores de incremento e decremento e outras operações semelhantes

26

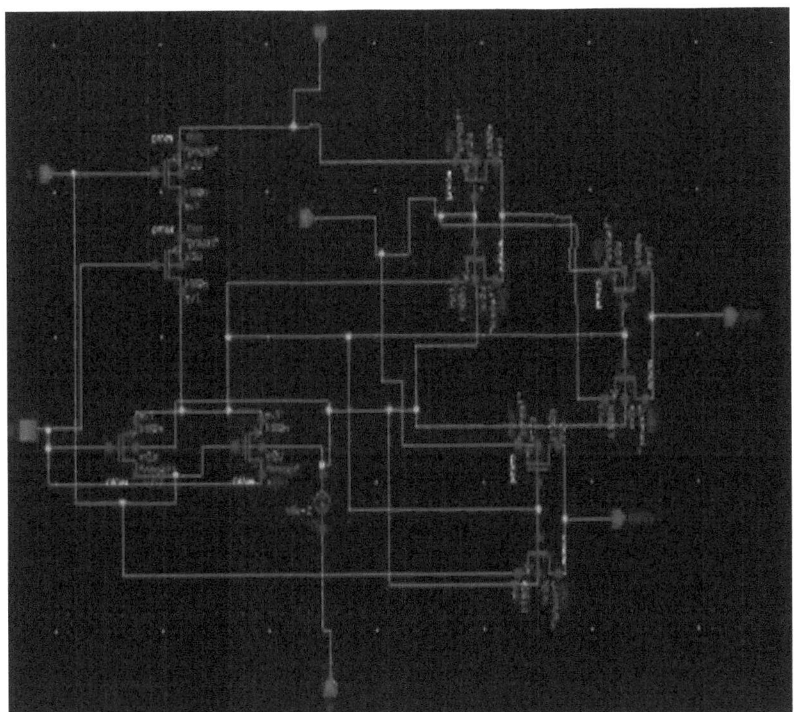

Fig 4.8 Somador completo 10T

Embora os somadores possam ser construídos para muitas representações numéricas, como decimal codificado em binário ou EXCESS-3, os somadores mais comuns operam com números binários.

No caso de se utilizar o complemento de dois e o complemento de um para representar números negativos, é trivial modificar um somador para um somador-subactor. Outras representações de números assinados requerem um somador mais complexo.

A montagem do track hold, do comparador diferencial, da porta de passagem do interrutor de tensão diferencial em cascata e do conversor somador completo 10T para formar um ADC é apresentada na figura 4.9

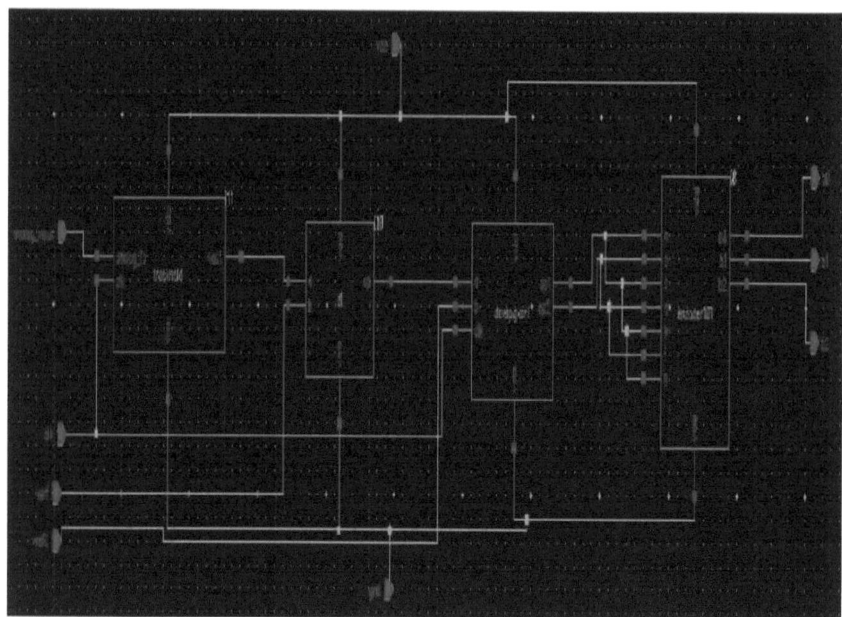

Fig 4.9.Projeto de ADC proposto -I

4.3. SISTEMA PROPOSTO - II

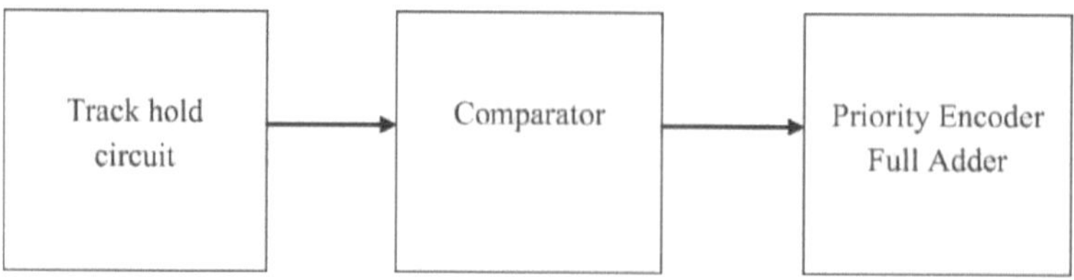

Fig 4.10 Diagrama de blocos do sistema proposto-II

4.3.1 Codificador de prioridade

A saída dos comparadores está codificada. Por conseguinte, é necessário conceber um codificador de prioridade para converter o sinal codificado em dados de n bits (digitais), que é um código binário unipolar

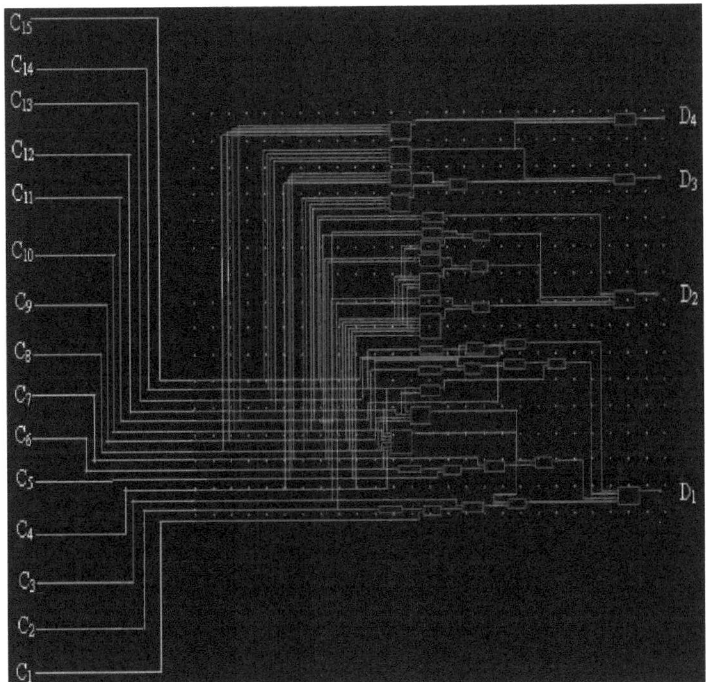

Fig 4.11 Codificador de prioridade

A saída dos comparadores está codificada. Por conseguinte, tem de ser concebido um codificador de prioridade para converter o sinal codificado em dados de 4 bits (digitais), que é um código binário unipolar. A lógica utilizada na conceção do codificador de prioridade é explicada a seguir,

D1=C1C'2C'4C'6C'8C'10C'12C'14+C3C'4C'6C'8C'10C'12C'14+C5C'6C'8C'10C'12C'14
    +C7C'8C'10C'12C'14+C9C'10C'12C'14 +C11C'12C'14+C13C'14+C15.

D2=C2C'4C'5C'8C'9C'12C'13+C3C'4C'5C'8C'9C'12C'13+C6C'8C'9C'12C'13+
    C7C'8C'9C'12C'13+C10C'12C'13+C11C'12C'13 +C14 +C15.

D3=C4C'8C'9C'10C'11+C5C'8C'9C'10C'11+C6C'8C'9C'10C'11+C7C'8C'9C'10C'11
    +C12+C13+C14+C15.
D4 = C8+C9+C10+C11+C12+C13+C14+C15.

Na conceção proposta do ADC-II, em vez do XOR DCVSPG, foram utilizados sete comparadores diferentes seguidos de um codificador de prioridade. A figura mostra a conceção do ADC do sistema proposto-II.

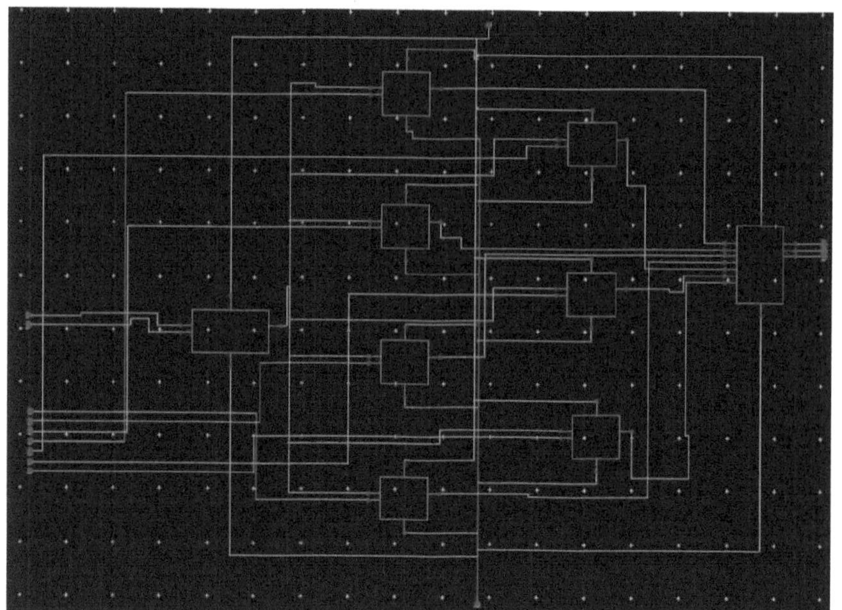

Fig 4.12.Desenho proposto do ADC-II

CAPÍTULO 5

DESCRIÇÃO DO SOFTWARE

5.1. SOBRE A CADENCE EDA SUITE

A Cadence Design Systems Inc. é uma empresa americana de serviços de engenharia e software de automatização do desenho eletrónico (EDA), fundada em 1988 pela fusão da SDA Systems e da ECAD, Inc. A empresa produz software para a conceção de circuitos integrados, também conhecidos como chips, sistemas em chip (ou SoCs) e placas de circuito impresso.

As ofertas de produtos da Cadence destinam-se a vários tipos de tarefas de conceção e verificação, incluindo

•	Plataforma Virtuoso - Ferramentas para conceção de circuitos integrados totalmente personalizados; inclui entrada esquemática, modelação comportamental (Verilog-AMS), simulação de circuitos, disposição personalizada, verificação física, extração e anotação posterior. Utilizada principalmente para projectos analógicos, de sinal misto, de RF e de células padrão, mas também para projectos de memória e FPGA.

•	Encounter Platform - Ferramentas para a criação de circuitos integrados digitais. Inclui planeamento, síntese, teste, colocação e encaminhamento. Normalmente, um projeto digital começa com listas de redes Verilog.

•	Incisive Platform - Ferramentas para simulação e verificação funcional de RTL, incluindo modelos baseados em Verilog, VHDL e System C. Inclui verificação formal, verificação de equivalência formal, aceleração de hardware e emulação.

•	Série Palladium - Aceleradores e emuladores para cobertura de hardware e software e verificação ao nível do sistema.

•	IP de design: a Cadence fornece IP de design para áreas que incluem memória (DRAM), abrangendo DDR1, DDR2, DDR3, DDR4, LPDDR2, LPDDR3, LPDDR4 e Wide I/O; armazenamento (memória não volátil), abrangendo controlador NVM Express e NAND Flash e PHY; e protocolos de interface de alto desempenho, como PCI Express Gen3, Ethernet 40/100G e USB 2 e USB 3.

•	IP de verificação (VIP) A Cadence fornece o mais amplo conjunto de VIP comercial disponível com mais de 30 protocolos em seu portfólio VIP. Eles incluem AMBA, PCI Express, USB, SATA, OCP, SAS, MIPI e muitos outros. O Cadence VIP também oferece o exclusivo Compliance Management System (CMS) para automatizar a verificação da conformidade do protocolo.

- IP otimizado para integração (Design IP) A Cadence oferece IP verticalmente integrado, incluindo controlador digital, camada de servidores e driver de dispositivo. Os protocolos suportados incluem USB, DDR, PCI-Express, Ethernet 10G-40G e On Chip Bus Fabric.

- Allegro Platform - Ferramentas para co-design de circuitos integrados, pacotes e PCBs.

- OrCAD/PSpice - Ferramentas para equipas de design mais pequenas e designers individuais de PCB.

- Sigrity technologies - Ferramentas para verificação de sinal e potência para verificação de sinalização ao nível do sistema e conformidade de interfaces.

A Cadence EDA Suite permite a inovação global do design eletrónico e desempenha um papel essencial na criação dos actuais Circuitos Integrados (ICs) à escala submicrónica. As indústrias utilizam o software, hardware, IP e serviços da Cadence para conceber e verificar semicondutores avançados, eletrónica de consumo, equipamentos de rede e de telecomunicações e sistemas informáticos. O fluxo de design personalizado da Cadence, ou seja, a implementação analógica e digital e as ferramentas de sign-off foram validadas em bits em designs de referência de alto desempenho, a fim de fornecer aos clientes o caminho mais rápido para o encerramento do design.

O Centro tem a seu crédito a suite CADENCE EDA de última geração com licença de 20 utilizadores e instalações de acompanhamento.

Ambiente de desenho **CADENCE VIRTUOSO** - Para a introdução de esquemas.

CANDENCE IES - Para verificação de sinais digitais e mistos.

CADENCE ENCOUNTER - Para desenho físico de circuitos digitais e de sinais mistos. **CADENCE ASSURA** -DRC, LVS e extração de parasitas em projectos analógicos de sinais mistos. **CADENCE SPECTRE** - Simulação, análise e estimativa de parâmetros de projetos esquemáticos e físicos.

CADENCE ALLEGRO - Solução de conceção de placas de circuito impresso.

CAPÍTULO 6

CONCEPÇÃO PÓS-LAYOUT

6.1 . SISTEMA PROPOSTO -I

6.1.1. CIRCUITO DE RETENÇÃO DA VIA:

A retenção de faixa é a operação básica para a conversão A/D. O d-flip-flop é o circuito utilizado para amostrar e reter o sinal analógico que é dado como entrada no conversor analógico-digital.

Quando o relógio é baixo, a entrada é baixa, a saída será baixa. Quando a referência do relógio é baixa, o circuito não amostra nem mantém o sinal amostrado até que o relógio se torne alto. Só quando o relógio está alto e a entrada está alta é que o circuito retém a amostra.

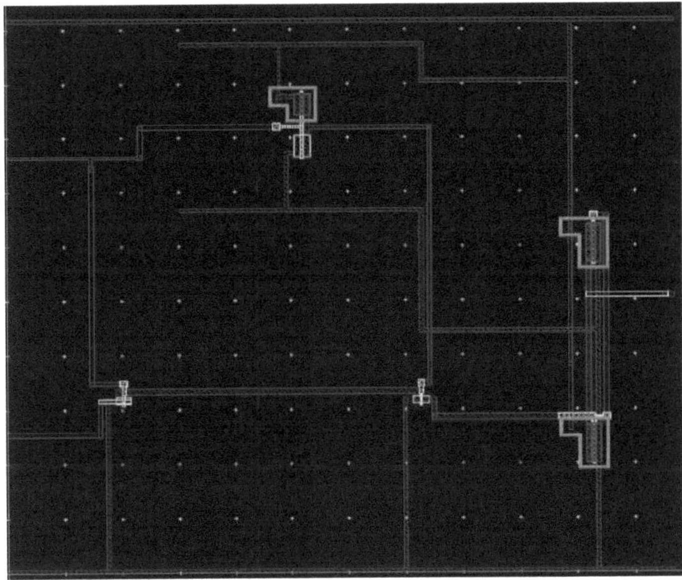

Fig. 6.1. Esquema do circuito de retenção de faixa

Os circuitos de amostragem e retenção são utilizados em sistemas lineares. Em alguns tipos de conversores analógico-digitais, a entrada é comparada com uma tensão gerada internamente a partir de um conversor digital-analógico (DAC). O circuito experimenta uma série de valores e pára a conversão quando as tensões são iguais, dentro de uma margem de erro definida.

Se o valor de entrada pudesse mudar durante este processo de comparação, a conversão resultante seria imprecisa e possivelmente não estaria relacionada com o verdadeiro valor de entrada. Esses conversores de aproximação sucessiva incorporam frequentemente circuitos internos de amostragem e retenção.

Além disso, os circuitos de amostragem e retenção são frequentemente utilizados quando é necessário medir várias amostras ao mesmo tempo. Cada valor é amostrado e mantido, utilizando um relógio de amostragem comum.

6.1.2 COMPARADOR DIFERENCIAL

O amplificador diferencial alterna o trabalho do comparador de tensão. Basicamente, o comparador compara as 2 entradas e envia a saída para a operação sucessiva. O conversor A/D necessita de 2^N comparadores para reduzir a área e a complexidade do circuito, basta selecionar o amplificador diferencial, que compara a tensão de entrada e a tensão de referência.

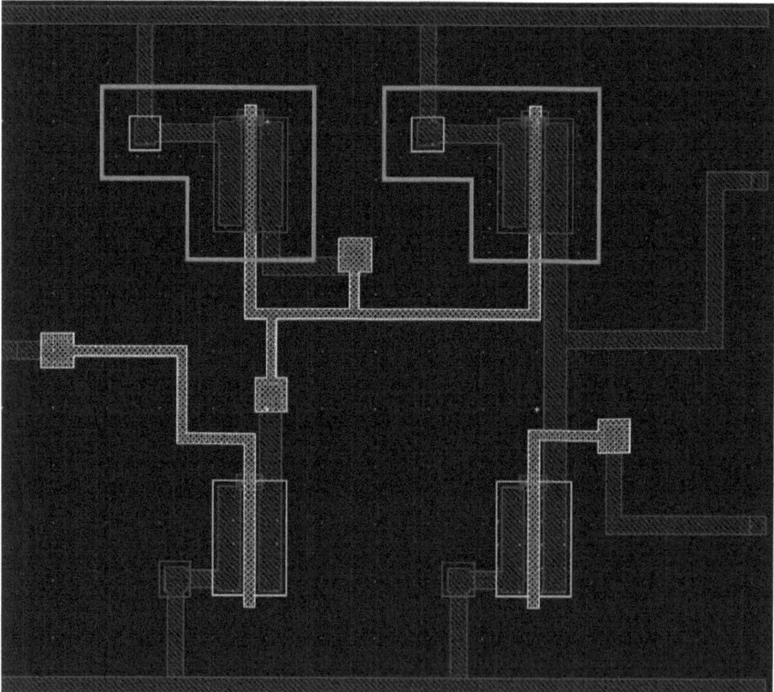

Fig 6.2 Esquema do comparador diferencial

Neste circuito, os dois N-mos são constituídos pela tensão de referência e pela tensão de entrada que provém do bloco de retenção da amostra. De acordo com o diagrama do circuito, o PIN A é a tensão de referência e a tensão de entrada é efectuada no PIN B. Este circuito é utilizado para reduzir o número de transístores, o que ajuda a obter uma resposta rápida, ou seja, o atraso entre a entrada e a saída é mínimo.

6.1.3 PORTA DE PASSAGEM DE INTERRUPTOR DE TENSÃO DIFERENCIAL EM CASCATA

A porta XOR DCVSPG substitui a porta XOR de comutador de tensão em cascata diferencial (DCVS) e elimina o problema do nó flutuante encontrado nas portas DCVS. Os transístores PMOS de acoplamento cruzado actuam como carga e dois transístores NMOS abaixo da carga PMOS actuam como um trinco incorporado.

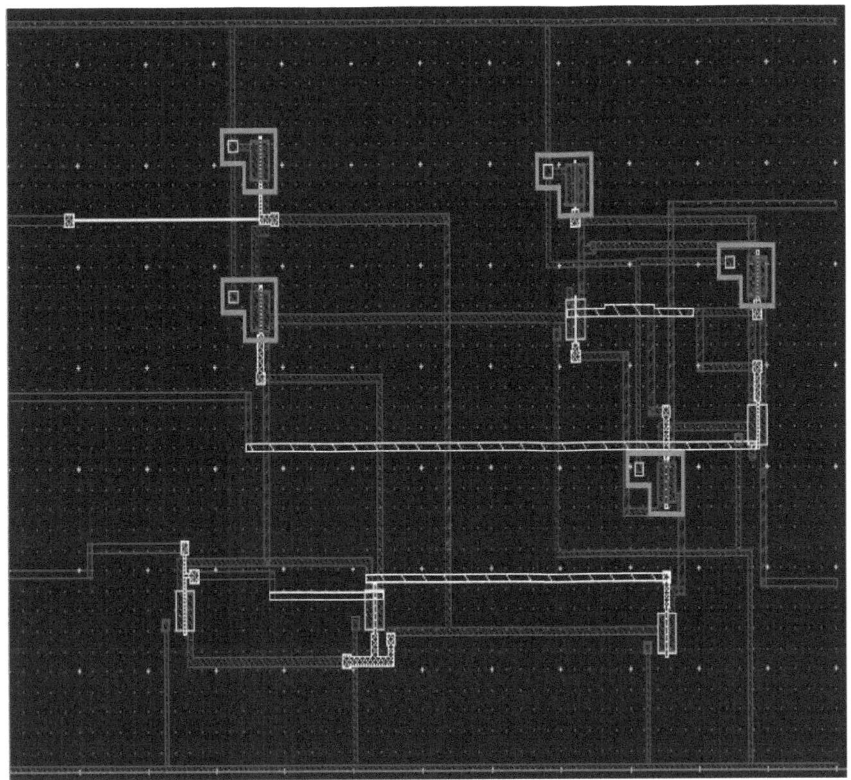

Fig 6.3 Esquema da porta de passagem do interrutor de tensão diferencial em cascata

Quando o relógio está alto, a lógica de saída é avaliada e, quando o relógio está inativo, a saída é bloqueada no valor de saída anterior devido à estrutura de bloqueio incorporada. Nas portas DCVSPG com relógio, a saída original e o seu complemento estão disponíveis no mesmo instante de tempo.

Esta técnica evita diferentes atrasos que de outra forma ocorreriam devido à utilização de um inversor para obter a saída complementar. As portas DCVSPG permitem um pipelining de alta velocidade e uma saída sem falhas. É possível obter um elevado desempenho com baixa potência com a utilização de portas DCVSPG.

6.1.4. ENCODER

O codificador é um circuito digital que converte um sinal de entrada ativo num sinal de saída codificado. Se a saída estiver em 2^N bits, então a saída está em N bits. Codifica uma das entradas activas para uma saída binária codificada com m bits.

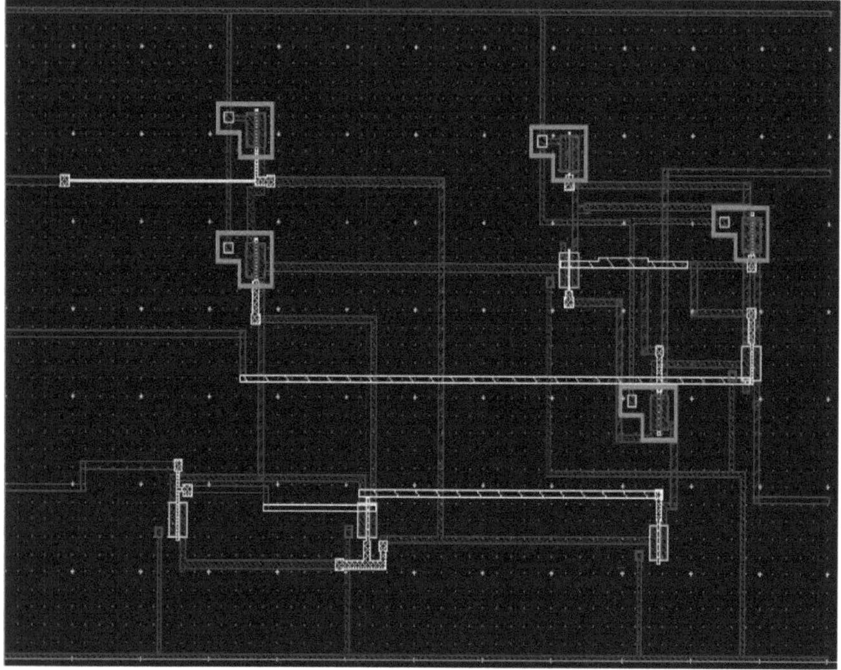

Figura 6.4 Esquema do somador completo 10T

Os somadores completos 10T foram colocados em cascata no circuito de codificação projetado para reduzir a complexidade do circuito de codificação. A Fig. 6.4 mostra o diagrama de disposição do somador completo 10T utilizando portas lógicas XOR e XNOR.

O tema do nosso trabalho é reduzir a área de cada bloco, pelo que também reduzimos a área do codificador ligando o somador completo 12T em cascata. Aqui, o XOR e o XNOR são ligados no método do transístor de passagem, o que reduz a complexidade do circuito e a área.

Ao ligar este somador completo em cascata, pode formar-se um ENCODER. Assim, converte $2^N - 1$ bit de entrada em N bit de saída codificada. O somador completo é provavelmente o elemento mais básico em todos os projetos de módulos aritméticos.

Foram propostos numerosos projectos de somadores completos que visam vários objectivos de conceção, como a potência, a velocidade e a complexidade do circuito, tal como acima referido. O sistema I proposto é constituído por um circuito de retenção de pista, um comparador diferencial, uma porta de passagem de interrutor de tensão diferencial em cascata e um somador completo de 10T. A figura 6.5 mostra a montagem da disposição de todos estes blocos para formar um ADC

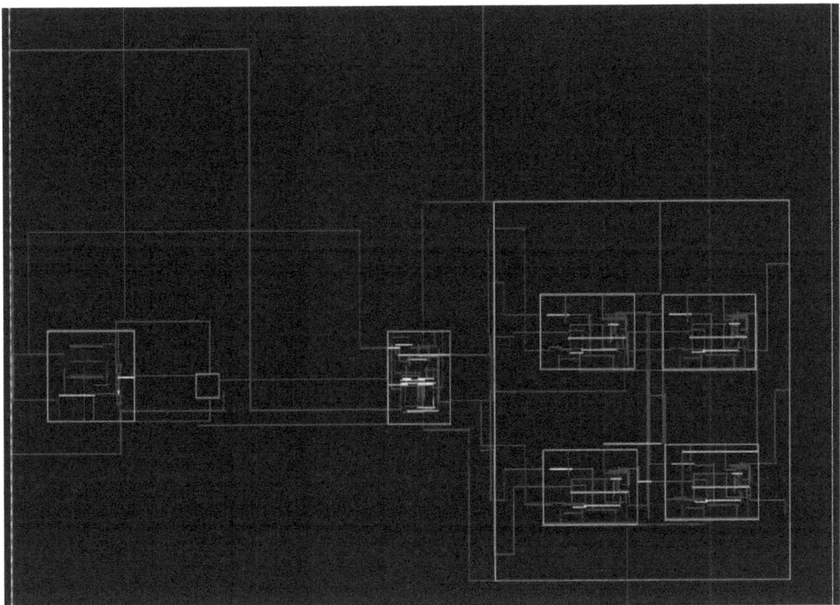

Fig.6.5 Esquema do sistema proposto - I

6.2 Sistema proposto - II

A figura 6.7 mostra o diagrama do sistema proposto -II, que consiste num circuito de retenção de pista, comparadores diferenciais e um codificador de prioridade.

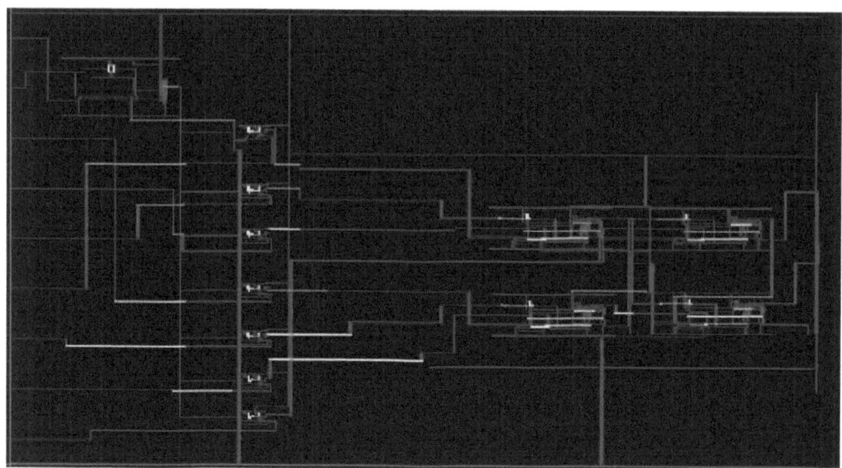

Fig. 6.6 Esquema do sistema proposto -II

A forma de onda do sinal analógico convertido em impulsos digitais utilizando o ADC proposto é mostrada na figura 6.7

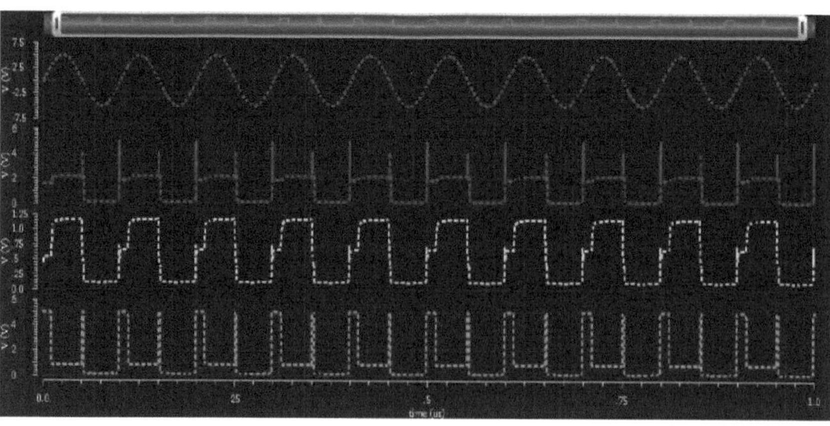

Fig.6.7 Forma de onda do conversor analógico-digital

CAPÍTULO 7

COMPARAÇÃO DE PARÂMETROS

As simulações foram efectuadas em tecnologia CMOS de 180nm, com vários níveis de tensão de alimentação. A entrada esquemática é feita no CADENCE VIRTUOSO, o layout é feito no SPECTRE e as verificações são feitas usando o CADENCE ASSURA.

A potência adquirida é a potência consumida para todas as combinações possíveis de entradas e o atraso corresponde ao pior caso de atraso obtido para a entrada com o máximo de transformações dinâmicas.

A tabela 7.1 mostra que o ADC com circuito de retenção de trajetória, comparadores diferenciais e um codificador de prioridade tem um consumo de energia e um atraso inferiores quando comparado com o sistema proposto - I e o documento de base.

7.1 Otimização da tensão de alimentação

A análise de desempenho do projeto de ADC proposto com várias tensões de alimentação na gama de 2,4 a 3,8 V foi realizada com base na qual o gráfico de potência, atraso e PDP em relação à tensão foi traçado.

Tabela 7.1 Análise de desempenho do ADC proposto

Tensão de alimentação (V)	2.4	2.6	2.8	3.0	3.2	3.4	3.6	3.8
Potência	121.6	119.5	117.9	114.6	127.4	132.7	138.2	147.8
Atraso	11.60	9.82	8.26	7.52	7.13	6.85	6.39	5.93
PDP	1410.56	1173.49	973.85	861.79	908.36	908.99	883.09	876.45

De acordo com as figuras 7.1 (a), 7.2 (b) e 7.3 (c), a tensão de alimentação óptima para análise foi fixada em 3,0 V, o que prova que se obtém o menor PDP, como mostra a figura 3 (c).

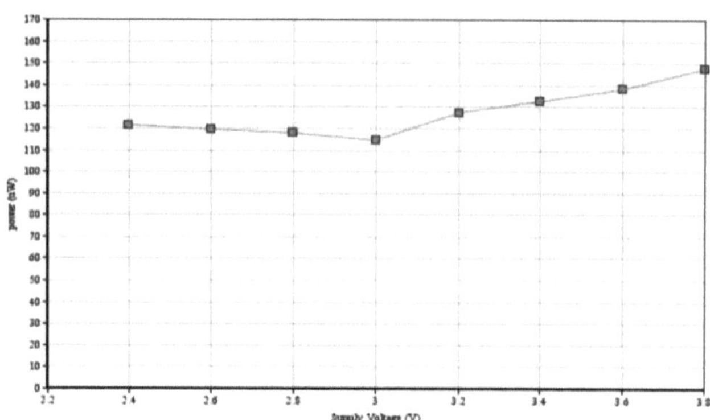

(a)

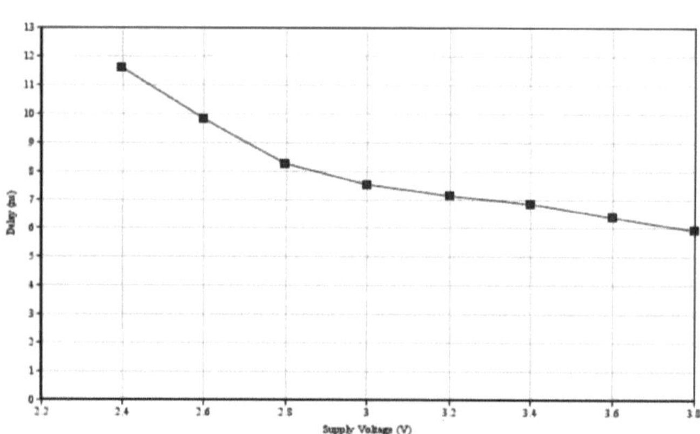

(b)

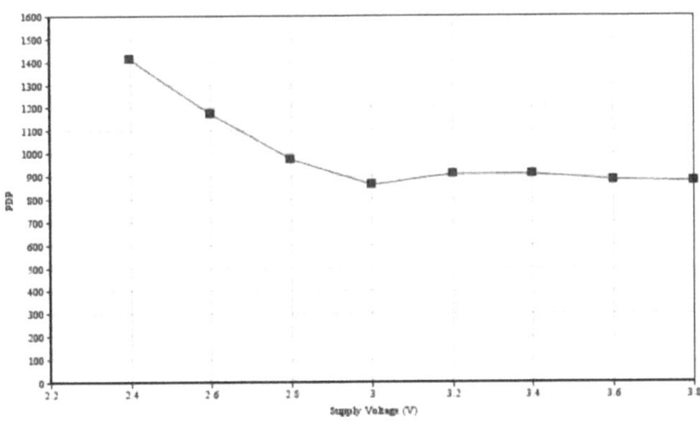

(c)

Fig. 7.1 Desempenho do ADC proposto (a) Potência (b) Atraso (c) PDP

7.2 Resultados de desempenho

As simulações foram efectuadas em tecnologia CMOS de 0,18-μm, com uma tensão de alimentação de 3,0 V. A potência adquirida é a potência consumida para todas as combinações possíveis de entradas e o atraso corresponde ao pior caso de atraso obtido para a entrada com transformações dinâmicas máximas. A comparação de desempenho é ilustrada na tabela 7.2.

Tabela 7.2: Comparação de desempenho entre projectos de ADC.

Conceção	Potência (μW)	Atraso (ns)	PDP
Channakka Lakkannavar et al[9]	153.8	11.60	1784.08
Chavan et al[10]	142.7	9.82	1401.3
Sarojini Mandal [11]	127.3	7.95	1012.03
Projeto proposto	114.6	7.52	861.79

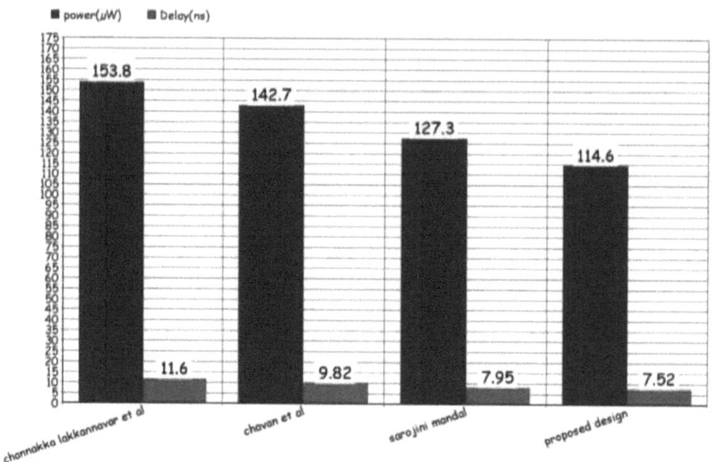

Fig. 7.2 Gráfico de comparação de desempenho - Atraso e potência

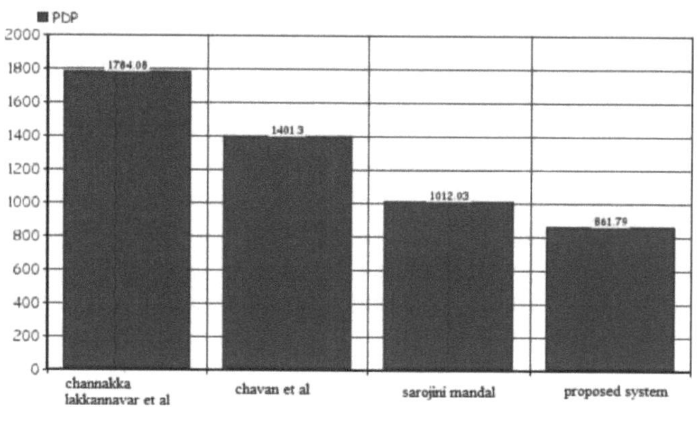

(b)

Fig. 7.3. Gráfico de comparação do desempenho do PDP.

Com base na tabela 7.2, conclui-se que o projeto de ADC proposto reduz significativamente a potência e o atraso em cerca de 25,48% e 35,17%, respetivamente, reduzindo assim o PDP global em 51,69% em comparação com o projeto de ADC de Channakka Lakkannavan, graças ao circuito T&H utilizado no projeto proposto, que tem poucos transístores e uma menor dissipação de potência estática.

No entanto, o projeto do ADC de Channakka utiliza uma rede de resistências em escada que resulta numa área enorme e dissipa uma potência estática elevada. Em comparação com o projeto do ADC de Chavan e o projeto proposto, a potência e o atraso são reduzidos em 19,69% e 23,42%, respetivamente, e o PDP é reduzido em cerca de 38,50%, o que se deve à utilização de um pré-amplificador e de um comparador de trincos nas fases intermédias, que ocupam uma área enorme e dissipam um elevado consumo de energia.

A conceção proposta tem uma vantagem significativa sobre a conceção do ADC de Sarojini Mandal, com uma redução da potência e do atraso de 9,90% e 5,40%, e uma redução global do PDP de 14,84%, que utiliza um codificador fulladder. Note-se que a rede de resistências em escada na primeira fase e os amplificadores de duas fases nas secções intermédias ocupam mais área e dissipam muita potência na conceção de Sarojini Mandal. Os valores comparados são apresentados nos gráficos fig. 7.2 e fig. 7.3.

CAPÍTULO 8

CONCLUSÃO

O conversor analógico-digital é a principal área de conceção dos modernos sistemas de comunicação digital microelectrónicos. Com a proliferação contínua de sistemas VLSI mistos analógicos e digitais, aumentou a necessidade de conversores analógico-digitais de pequena dimensão, baixa potência e alta velocidade utilizando o processo CMOS convencional. Quando comparado com o projeto ADC de base, o sistema proposto - I ADC Design, melhorou a redução da potência e do atraso em cerca de 11,3% e 9,2%, enquanto o PDP é reduzido em 19,6%. Por conseguinte, a conceção proposta do sistema -I ADC é preferível à conceção do ADC de base. No caso do projeto de ADC proposto para o sistema-II, quando comparado com o projeto de ADC proposto para o sistema-I, a redução da potência e do atraso é de cerca de 5,4% e 92%, e o PDP é reduzido para 92%. Assim, o sistema proposto -II é eficiente para a conversão analógica para digital. Assim, no nosso trabalho, concebemos um ADC com um consumo mínimo de energia, alta velocidade e design arquitetónico eficiente em termos de área.

REFERÊNCIAS:

[1]   . X. Jiang, Z. Wang e M.F. Chang, "A 2 GS/s 6-b ADC in0.18 μm CMOS", IEEE International Solid-State CircuitsConference, Vol. 1, pp. 9-13, Feb 2003.

[2]   . A. Tangel, "VLSI Implementation of the Threshold InverterQuantization (TIQ) Technique for CMOS Flash A/DConverter Applications", tese de doutoramento, The PennsylvaniaState University, 1999.

[3]   . J. Yoo, K. Choi, e J. Ghaznavi, "Quantum VoltageComparator for 0.07 μm CMOS Flash A/D Converter", Proceedings of the IEEE Computer Society AnnualSymposium on VLSI, pp. 20-21, Feb 2003

[4]   . F.Lai e W. Hwang, "Design and Implementation of Differential Cascode Voltage Switch with Pass-Gate(DCVSPG) logic for High-Performance Digital Systems", IEEE Journal of Solid-State Circuits, Vol. 32, No. 4 April 1997.

[5]   . D. Lee, J. Yoo, K. Choi, e J. Ghaznavi, "Fat tree Encoder design for Ultra-high speed Flash Analog-to-digital Converters", IEEE Midwest Symposium on Circuits and Systems, 2002.

[6]   . D. Dalton et al. " A 200-MSPS 6-bit Flash ADC in 0.6 μm CMOS", IEEE Transactions on Circuits and System II,45(11):1443-1444, novembro de 1998.

[7]   . Jincheol Yoo, Kyusun Choi, Jahan Ghaznavi, "Um conversor analógico-digital CMOS Flash de 0,07μm para aplicações de alta velocidade e baixa tensão"

[8]   . P.C.S. Scholtens e M. Bertregt, " A 6-bit 1.6 Gsamples/sFlash ADC in 0.18 μm CMOS using averaging termination",IEEE J. of Solid-State Circuits, Vol. 37, No. 12, Dec. 2002.

[9]   . CHANNAKKA lakkannavar, Shrikanth k. shirakol, Kalmeshwar n. hosur, "Arquitetura Flash ADC com amplificador diferencial como comparador utilizando uma abordagem de design personalizado" Jornal Internacional de Sinais e Sistemas Electrónicos (IJESS) ISSN: 2231-5969,Vol1 Iss-3, 2012

[10]   . Arunkumar. P. Chavan, Rekha. G, P. Narashimaraja, "Conversor analógico para digital de 3 bits é projetado para CMOS de baixa potência" Jornal Internacional de Engenharia e Tecnologia Avançada (IJEAT) ISSN: 2249 - 8958, Volume-2, Edição-2, dezembro de 2012

[11]   . Sarojini Mandal, Dr.J.K Das, "3 Bit Low Power Flash Type ADC" Jornal Internacional de Investigação Avançada em Engenharia Informática e Tecnologia (IJARCET) Volume 3 Edição 4, abril 2014

[12]   . A.N. Karanicolas, "A 2.7-V 300-MS/s track-and-hold amplifier," IEEE J. Solid-State Circuits,

Dez,1997.

[13] . S. H. Lewis e P. R. Gray, "A pipelined 5-Msample/s 9-bit analog-to digital converter," IEEE . Solid-State Circuits, vol. 22, pp. 954-961, Dez.87.

[14] . M. Abo e P. R. Gray, "A 1.5-V, 10-bit, 14.3-MS/s CMOS pipeline analog-to-digital converter," IEEE J. Solid-State Circuits, vol. 34, pp. 599-606, maio de 1999

[15] . S. Limotyrakis, S. D. Kulchycki, D. K. Su, e B. A. Wooley, "A 150- MS/s 8-b 71mW CMOS time-interleaved ADC," IEEE J. Solid-State Circuits, vol. 40, pp. 1057-1067, maio de 2005.

[16] . M. Choi e A. A. Abidi, "A 6-b 1.3-Gsample/s A/D converter in 0.35-μm CMOS," IEEE J.Solid-State Circuits, vol. 36, pp. 1847-1858, Dec.2001.

[17] . Manojkumar e ganesh kumar, "técnica de otimização para o circuito Track and hold baseado em seguidor de fonte para comunicações sem fios de alta velocidade," International Journal of VLSI design & Communication Systems (VLSICS) Vol.2, No.1, março 2011

[18] . A. M. Abo e P. R. Gray, "A 1.5-V, 10-bit, 14.3-MS/s CMOS pipeline analog-to- digital converter," IEEE J. Solid-State Circuits, vol. 34, pp. 599- 606, maio de 1999.

[19] . W. Yu, S. Sen e B. H. Leung, "Distortion Analysis of MOS Track-and-Hold Sampling Mixers Using Time-Varying Volterra Series", IEEE Transactions on circuits and systems II: Analog and Digital Signal Processing, vol. 46, No. 2, Feb.1999.

[20] . P.RAJESWARI, Dr.R.RAMESH e Dr.A.R.ASWATHA," ANÁLISE DE DESEMPENHO DO CONVERSOR FLASH ANALÓGICO PARA DIGITAL COM CIRCUITO DE TRACK AND HOLD UTILIZANDO CADENCE PSPICE", IRACST - Engineering Science and Technology: An International Journal (ESTIJ), ISSN: 2250-3498, Vol.3, No.3, June 2013

[21] . T. Sato, et al. "4GB/s Track and hold circuit using parasitic capacitance canceler," Proc. Da Conferência Europeia de Circuitos de Estado Sólido, pp.347-350, 2004

[22] . A.Nandhini, M.Shanthi e M.C.Bhuvaneswari, "Performance Analysis of 4-bit Flash ADC with Different Comparators Designed in 0.18um Technology", International Journal of Computer Applications (0975 - 8887) Conferência Internacional sobre Inovações em Instrumentação Inteligente, Otimização e Processamento de Sinais "ICIIIOSP-2013"

[23] . Pradeep Kumar e Amit Kolhe," Design & Implementation of Low Power 3-bit Flash ADC in 0.18μm CMOS', International Journal of Soft Computing and Engineering (IJSCE) ISSN: 2231-2307, Volume-1, Issue-5, November 2011

[24] . Jincheol Yoo, Daegyu Lee, Kyusun Choi e Ali Tangel, "Future-Ready Ultrafast 6 Bit CMOS ADC for System-on-Chip Applications", Actas da 14ª Conferência Internacional Anual IEEE

ASIC/SOC, páginas 455-459, setembro de 2001.

[25] . P.Rajeswari , R.Ramesh AND A.R.Ashwatha, "An APPROACH TO DESIGN Flash Analog to Digital Converter FOR High Speed AND Low POWER Applications", International Journal OF VlSI DESIGN & Communication Systems (Vlsics) Vol.3, No.2, April 2012

[26] . Jincheol Yoo, Kyusun Choi e Jahan Ghaznavi , "Quantum Voltage Comparator for 0.07 _CMOS Flash A/D Converters", In ASIC/SOC Conference, pp. 455-459, 2009.

[27] . Arunkumar. P. Chavan, Rekha. G e P. Narashimaraja ", Projeto de um ADC Flash de 1,5 V e 4 bits usando tecnologia de 90 nm", Jornal Internacional de Engenharia e Tecnologia Avançada (IJEAT) ISSN: 2249 - 8958, Volume-2, Edição-2, dezembro de 2012

[28] . Portmann, C. L. e Meng, T. H. Y., "Power-Efficient Metastability Error Reduction in CMOS Flash A/D Converters", IEEE Journal of Solid-State Circuits, Vol.31, No.8, pp.1132-1140. agosto de 1996.

[29] . Erik Sail, Mark Vesterbacka, "Thermometer to binary decoders for flash analog-to- digital converters", 18th European conference on circuit theory and design, pp 240243, Aug 2007.

[30] . Erik Sail, Mark Vesterbacka, "A multiplexer based decoder for flash analog-to-digital converter", IEEE region 10 TENCON conference, volume 4, pp 250-253, Nov 2004.

[31] . Shu, Y.-S. (2012) Um ADC Flash totalmente dinâmico de 6 b 3 GS/s 11 mW em CMOS de 40 nm com número reduzido de comparadores. Simpósio do IEEE sobre Circuitos VLSI, resumo de artigos técnicos, Honolulu, 13-15 de junho de 2012, 26-27.

[32] . Chen V.H.-C. e Pileggi, L. (2013) Um ADC Flash de 8,5 mW 5 GS/s 6 b com Calibração de Deslocamento Dinâmico em 32 nm CMOS SOI. Simpósio IEEE sobre Circuitos VLSI Resumo dos Documentos Técnicos, Quioto, 12-14 de junho de 2013, C264-C265.

[33] . Miyahara, M., Lin, J., Yoshihara, K. e Matsuzawa, A. (2010) A 0.5 V, 1.2 mW, 160 fJ, 600 MS/s 5 Bit Flash ADC. Conferência asiática de circuitos de estado sólido do IEEE, Pequim, 8-10 de novembro de 2010, 1-4.

[34] . Lin, J., Mano, I., Miyahara, M. e Matsuzawa, A. (2012) Um ADC Flash de 7 bits de 0,5 V, 420 MSps, usando interpolação de atraso no domínio do tempo totalmente digital. Conferência Internacional do IEEE sobre Dispositivos Electrónicos e Circuitos de Estado Sólido, Banguecoque, 3-5 de dezembro de 2012, 1-2.

[35] . Plas, G.-V., Decoutere, S. e Donnay, S. (2006) A 0.16 pJ/Conversion-Step 2.5 mW 1.25 GS/s 4 b ADC in a 90 nm Digital CMOS Process. IEEE International Solid-State Circuits Conference Digest Technical Papers, São Francisco, 6-9 de fevereiro de 2006.

[36] . Mesgarani, A., Nelson, F.Z., Alam, M.N. and Ay, S.U. (2010) Supply Boosting Technique for Designing Very Low-Voltage Mixed-Signal Circuits in Standard CMOS. 53° Simpósio Internacional do Meio-Oeste do IEEE sobre Circuitos e Sistemas (MWSCAS), Seattle, 1-4 de agosto de 2010, 893-896.

http://dx.doi.org/10.1109/mwscas.2010.5548658

[37] . Ay, S.U. (2011) Um projeto de ADC SAR sub-1Volt de 10 bits com alimentação reforçada em CMOS padrão. An International Journal of Analog Integrated Circuits and Signal Processing, 66, 213-221. http://dx.doi.org/10.1007/s10470-010-9515-3

[38] . Ay, S.U. (2011) Projeto de um comparador reforçado com alimentação eficiente em termos energéticos. Journal of Low Power Electronics and Applications, 1, 247-260. http://dx.doi.org/10.3390/jlpea1020247

[39] . Kim, J.-I., Sung, B.-R.-S., Kim, W. e Ryu, S.-T. (2013) Um ADC Flash 6-b 4.1-GS/s com interpolação de trava no domínio do tempo em CMOS de 90 nm. IEEE Journal of SolidStates Circuits, 48, 1429-1441.

[40] . Kull, L., Toifl, T., Schmatz, M., Francese, PA, Menolfi, C., Braendli, M., Kossel, M., Morf, T., Andersen, T.-M. e Leblebici, Y. (2013) Um ADC SAR assíncrono de canal único de 3,1 mW 8 b 1,2 GS/s com comparadores alternativos para velocidade aprimorada em SOI CMOS digital de 32 nm. Documentos técnicos resumidos da Conferência Internacional de Circuitos de Estado Sólido do IEEE, São Francisco, 17-21 de fevereiro de 2013, 468-469.

I want morebooks!

Buy your books fast and straightforward online - at one of world's fastest growing online book stores! Environmentally sound due to Print-on-Demand technologies.

Buy your books online at
www.morebooks.shop

Compre os seus livros mais rápido e diretamente na internet, em uma das livrarias on-line com o maior crescimento no mundo! Produção que protege o meio ambiente através das tecnologias de impressão sob demanda.

Compre os seus livros on-line em
www.morebooks.shop

Printed by Books on Demand GmbH, Norderstedt / Germany